Embalagens **flexíveis**

Blucher

Nnamdi Anyadike

Embalagens **flexíveis**

Volume 1

Tradução
Rogério Henrique Jönck

Título original:
Introduction to flexible packaging

A edição em inglês foi publicada
pela Pira International Ltd

Blucher

Edgard Blücher *Publisher*
Eduardo Blücher *Editor*
Rosemeire Carlos Pinto *Editor de Desenvolvimento*

Rogério Henrique Jönck *Tradutor*
Fabio Mestriner *Revisor Técnico*
Henrique Toma *Revisor Técnico*

Adair Rangel de Oliveira Junior *Revisor Técnico Quattor*
Danielle Lauzem Santana *Revisora Técnica Quattor*
Yuzi Shudo *Revisor Técnico Quattor*
Marcus Vinicius Trisotto *Revisor Técnico Quattor*
Martin David Rangel Clemesha *Revisor Técnico Quattor*
Selma Barbosa Jaconis *Revisora Técnica Quattor*

Know-how Editorial *Editoração*
Marcos Soel *Revisão gramatical*
Lara Vollmer *Capa*

*Segundo Novo Acordo Ortográfico, conforme 5. ed.
do Vocabulário Ortográfico da Língua Portuguesa,
Academia Brasileira de Letras, março de 2009.*

Rua Pedroso Alvarenga, 1245, 4º andar
04531-012 - São Paulo - SP - Brasil
Tel 55 11 3078-5366
editora@blucher.com.br
www.blucher.com.br

Dados Internacionais de Catalogação na Publicação
(Câmara Brasleira do Livro, SP, Brasil)

Anyadike, Nnamdi
Embalagens flexíveis / Nnamdi Anyadike ; tradução Rogério Henrique Jönck. São Paulo : Editora Blucher, 2010.

Título original: *Introduction to flexible packaging.*

ISBN 978-85-212-0444-2

1. Embalagem flexível 2. Plásticos nas embalagens I. Título.

08-6341 CDD-688.8

Índice para catálogo sistemático:
1. Embalagem flexível: Tecnologia 688.8

A grande finalidade do conhecimento
não é conhecer, mas agir.

Thomas H. Huxley

Dedicamos o resultado deste trabalho a toda a cadeia produtiva
de embalagens: fornecedores de matéria-prima, indústria,
transporte e fornecedores de embalagens, indústria gráfica
e usuários, que, a partir desta experiência, contarão com
mais subsídios para usufruto e inovação na produção
e no consumo das embalagens.

Agradecemos a todos que se envolveram no processo de pesquisa
e desenvolvimento da Coleção Quattor, em especial as empresas
Editora e Gráfica Salesianas, Editora Blucher,
Gráfica Printon, Vitopel, EBR Papéis,
Know-How Editorial e Gráfica Ideal.

Agradecemos em especial a dedicação incondicional
de Roberto Ribeiro, Andre Luis Gimenez Giglio, Armando Bighetti e
Gustavo Sampaio de Souza (Quattor), Sinclair Fittipaldi (Lyondell Basell),
José Ricardo Roriz Coelho (Vitopel), Marcelo Trovo (Salesianas),
Renato Pilon (Antilhas), Celso Armentano e
Gerson Guimarães (SunChemical do Brasil),
Fabio Mestriner (ESPM), Douglas Bello (Vitopel),
Sr. Luiz Fernando Guedes (Printon),
Sr. Renato Caprini (Gráfica Ideal),
e aos editores Eduardo Blucher e
Rosemeire Carlos Pinto (Editora Blucher).

prefácio da **edição brasileira**

Imagine a sua vida sem as embalagens: todos os produtos vendidos a granel, expostos em prateleiras e sem identificação do fabricante ou data de validade.

Impossível? Certamente. Pela relação vantajosa mútua, produto e embalagem assumiram uma relação de simbiose. Arriscamo-nos a dizer que a quase totalidade de transações comerciais atuais não ocorreria sem a presença das embalagens e sem o seu constante aperfeiçoamento. Os prejuízos seriam incontáveis, não somente do ponto de vista financeiro mas também da saúde pública e da conveniência e conforto para nossas vidas.

É longa e criativa a trajetória humana no campo das embalagens. Das demandas iniciais até a sofisticação atual, voltada ao atendimento dos setores comercial e de transporte de produtos, contam-se mais de 200 anos. Da primeira folha vegetal *in natura* e das caixas de madeira, passando por artísticos potes de cerâmica, latas e vidros de alimentos, até a profusão de materiais empregados atualmente, inclusive com apoio da nanotecnologia, muito se experimentou e se descobriu. Um dos mais bem-sucedidos exemplos dessa trajetória diz respeito às embalagens plásticas, que vêm revolucionando e contribuindo para a geração de valor das diversas cadeias em que estão presentes, proporcionando mais segurança aos usuários, além de aumento do *shelf-life*.

Pesquisas brasileiras indicam que 85% das escolhas do consumidor são feitas no ponto de venda, apoiadas no binômio marca-fabricante, mas de forma associada a outro: design–apelo visual, características facilmente alcançadas quando a embalagem incorpora a nobreza do plástico. Da mesma forma que o plástico influencia a decisão de compra, influenciou a Quattor a celebrar esta parceria com a Editora Blucher, para trazer ao mercado a Coleção Quattor Embalagens que, além disso, cumpre o importante papel de minimizar a lacuna bibliográfica brasileira sobre o tema.

A Coleção Quattor Embalagens é formada por cinco volumes: *Embalagens flexíveis*, *Nanotecnologia em embalagens*, *Materiais para embalagens*, *Estudo de embalagens para o varejo* e *Estratégias de design para embalagens*. O leitor ou o pesquisador interessado está na iminência de iniciar uma verdadeira viagem por um dos mais importantes setores da economia mundial.

Bem-vindo ao mundo da Nova Geração da Petroquímica: o melhor em matérias-primas para produção de embalagens, o melhor em informação para produção de conhecimento.

Marco Antonio Quirino
Vice-Presidente Polietilenos

Armando Bighetti
Vice-Presidente Polipropilenos

A NOVA GERAÇÃO DA PETROQUÍMICA

apresentação

Uma das tecnologias que revolucionaram o setor de embalagem logo depois da Segunda Grande Guerra foi a das embalagens flexíveis. Os filmes plásticos surgidos com o lançamento do Celofane pela DuPont, nos anos 1920, revolucionaram o mundo da embalagem não só por trazer novas possibilidades de aplicação, com maior proteção e barreira, mas, sobretudo, por incorporar a transparência como seu principal diferencial. A transparência reveste-se para o ser humano de um caráter mágico, sendo, ao mesmo tempo, uma característica e um atributo, pois permite ver através da embalagem o seu conteúdo. Pode parecer pouca coisa, mas esse atributo de valor era, até então, uma exclusividade do vidro, material que manteve por séculos seu monopólio.

O grande espaço conquistado pelas embalagens flexíveis deve-se, principalmente, à sua flexibilidade tecnológica, porque, além da diversidade de filmes e resinas que podem ser utilizados, suas características técnicas permitem compor soluções específicas para cada aplicação, combinando diversas estruturas que oferecem proteção, brilho, texturas e imagens que impressionam o consumidor.

A indústria petroquímica produtora das resinas soube explorar essas possibilidades e prover o mercado com soluções eficientes e competitivas, ajudando a cadeia produtora como um todo a conquistar maior participação de mercado.

Por ser uma área altamente técnica e relativamente recente, ainda é escassa a literatura especializada capaz de difundir melhor o conhecimento básico sobre o plástico e subsidiar os estudos nas escolas técnicas e nas universidades.

As embalagens flexíveis estão presentes tanto nos produtos mais sofisticados quanto nos mais simples e baratos, sendo amplamente difundidas em todos os segmentos de consumo. Assim, o lançamento deste livro produzido pela Pira, um dos principais institutos de pesquisa dedicados à embalagem no mundo, vem preencher esta lacuna com um conteúdo acessível e abrangente, apresentando, de forma clara, as principais características da produção de embalagens flexíveis. A Editora Blucher e a Quattor, ao lançarem a Coleção Quattor Embalagem, prestam uma relevante contribuição ao desenvolvimento da embalagem em nosso país. Isso porque o conhecimento nesse setor repercute diretamente na sociedade, a qual se beneficia de produtos que, por terem melhores embalagens, chegam ao consumidor em perfeitas condições de consumo.

Em um momento no qual o Brasil realiza um grande esforço para se inserir no comércio global, a embalagem tem um importante papel a desempenhar, e iniciativas como esta – que difundem um conhecimento necessário para a produção de produtos com valor agregado que possam ser comercializados em larga escala e exportados para os diversos mercados internacionais – só podem ser bem-vindas. Difundir o conhecimento é uma tarefa fundamental nos países em desenvolvimento, sobretudo o conhecimento técnico especializado, como o que encontramos nesta obra.

Por isso, sinto-me feliz em apresentá-la, e estou certo de que seu conteúdo trará uma grande contribuição ao desenvolvimento das embalagens flexíveis e ao conhecimento necessário para produzi-las.

Fabio Mestriner

Professor-coordenador do Núcleo de Estudos da Embalagem da Escola Superior de Propaganda e Marketing (ESPM) e professor do Curso de Pós-graduação em Engenharia de Embalagem da Escola de Tecnologia Mauá.

conteúdo

4 Inovações em materiais flexíveis 47

5 Embalagens flexíveis para o varejo 59

lista de
figuras

abreviações e **acrônimos**

BOPA	poliamida biorientada
BOPET	poliéster biorientado
BOPP	polipropileno biorientado
CAP	embalagem de atmosfera controlada
CMC	carboximetilcelulose
COC	copolímero (ciclo-olefínico)
Cp	ciclopentadienil
CPA	filmes planos de poliamida
CPM	embalagem centralizada de carne
CPP	filmes plano de polipropileno
CRREO	fácil abertura e "resistentes" a crianças
CTP	*computer-to-plate*
DoD	gotas por demanda
DYD	faça você mesmo
EPDM	elastômero etileno-propileno-dieno
EPM	elastômero etileno-propileno
EPS	poliestireno expandido
EVA	copolímero de etileno e acetato de vinila
EVOH	copolímero de etileno e álcool vinílico
FFS	*form-fill-seal*
FMCG	bens de consumo de alto giro
HPC	hidroxipropilcelulose
HPMC	hidroxipropilmetilcelulose
LCDs	*displays* de cristais líquidos
LCPs	polímeros líquido-cristalinos
LEDs	dispositivos de polímeros de produção de luz
MAP	embalagem de atmosfera modificada
MC	metilcelulose

MLS estrutura multicamadas
mPE polietileno metalocênico
mPP polipropileno metalocênico
OML limite de migração geral
OPS poliestireno orientado
OTR taxa de transmissão de oxigênio
PA poliamida
PAN poliacrilonitrila
PC policarbonato
PCTFE policlorotrifluoroetileno
PE polietileno
PEAD polietileno de alta densidade
PEBD polietileno de baixa densidade
PELBD polietileno linear de baixa densidade
PEN poli(etileno naftalato)
PET poli(etileno tereftalato)
PETG copolímero de ácido tereftálico/etileno glicol/tereftalato-glicol)
POPs plastômeros poliolefínicos
PP polipropileno
PPT filmes-torção
PVC poli(cloreto de vinila)
PVdC poli(cloreto de vinilideno)
PS poliestireno
SML limite específico de migração
SUPs *stand-up pouches*
TFE encapsulamento por filme fino
VOC compostos orgânicos voláteis
WVTR taxa de transmissão de vapor d'água

1

matérias-primas e **produção**

Geralmente nos referimos a embalagens flexíveis como a manufatura, o suprimento e a conversão de filmes plásticos e celulose, folhas de alumínio e papéis, que podem ser usados, separadamente ou em combinação, em embalagem e rotulagem de peças primárias de madeira; aplicações de não alimentos, tais como bricolagem, "faça-você-mesmo" e detergentes caseiros, e em alguns outros nichos não alimentícios, como embalagens medicinais e farmacêuticas. Este capítulo dedica-se a explicar, em termos simples, o método básico de produção primária de polímeros usados para fazer embalagens flexíveis, partindo de suas matérias-primas.

Com exceção do filme regenerado de celulose, acetato de celulose e de seus subvariantes, todos os plásticos provêm do vasto filão petroquímico. Por isso, o preço da matéria-prima para embalagem flexível depende do preço do petróleo.

O PVC – poli(cloreto de vinila) – é um caso especial em que cerca de 50% do peso consiste de átomos de cloro, que são provenientes do cloreto de sódio ou da água do mar. Os principais blocos ou matrizes de construção para produzir plásticos são o eteno e o propeno, que são obtidos pelas refinarias petroquímicas (*catalytic cracker*). A manufatura de plásticos representa somente uma pequena porção (4%) do consumo mundial total de petróleo.

Entretanto, mesmo que esse padrão não tenha sido modificado consideravelmente no passado, ele pode ter outros usuários finais, assim como outras formas de matérias-primas ou outras fontes de energia. Enfim, embora a indústria de embalagem flexível não seja tão importante para a indústria do petróleo – o petróleo e sua cadeia –, a indústria de produtos refinados de petróleo, em contrapartida, tem bastante relevância para a indústria da embalagem flexível.

Petroquímica

Preços

O suprimento de petróleo para mercados tanto nos países desenvolvidos como nos subdesenvolvidos é surpreendentemente estável, se considermos o fato de que uma grande porção dele vem de regiões instáveis, como o Oriente Médio e a África. Ao longo dos anos 1980, dois dos maiores produtores da Organização dos Países Exportadores de Petróleo (Opep), Irã e Iraque, entraram em conflito, assim como em 2003 os Estados Unidos lançaram uma segunda ofensiva contra o Iraque.

No entanto, enquanto o suprimento tendia a não ser afetado por acontecimentos do Oriente Médio, os preços do petróleo estiveram sujeitos a uma volatilidade que afeta os custos de produção do eteno e, portanto, o preço do polímero-chave para a indústria da embalagem de plástico flexível. Isso ajuda a explicar os vários meios pelos quais a indústria tenta introduzir uma produção de eteno de custos mais efetivos.

Desde 2002, o preço do petróleo esteve sujeito a uma série de altos e baixos devido a pouca demanda de produção mundial, baixas quotas dos membros da Opep, estoques comerciais baixos, construção de estoques governamentais e ameaça de guerra contra o Iraque.

Em janeiro de 2002, o barril do óleo Brent fechou a US$ 17,52. Esse produto alcançou 70% de aumento, chegando perto de US 30,00, no fim de setembro, por causa do perigo de guerra no Golfo. Em seguida, em outubro, o preço do petróleo caiu 11%, quando os preparativos de guerra já pareciam retroceder.

Como resultado da fraca demanda, o suprimento teve queda brusca quando 4 milhões de barris/dia foram tirados do mercado. A Opep fez progressivos cortes nos 18 meses subsequentes a novembro de 2002, em uma tentativa de impulsionar o preço do petróleo.

Se os preços do óleo subirem, possivelmente, na sequência do clima econômico atual, toda a atividade industrial de peso será afetada. Preços altos de petróleo influirão na inflação e no travamento da produtividade industrial. Já no tocante às indústrias de embalagem flexível de plástico, em que o petróleo é a principal matéria-prima, a pressão em relação aos custos será severa.

Nafta

O termo nafta normalmente é restrito a uma classe de misturas de hidrocarbonetos líquidos incolores, voláteis e inflamáveis, uma das mais voláteis frações obtidas pelas destilações de petróleo (quando é conhecida como nafta de petróleo). Ela é largamente usada como um solvente para várias substâncias orgânicas, como graxas e borracha, e na fabricação de verniz. Tecnicamente, gasolina e querosene também são naftas.

A nafta é também uma matéria-prima para a obtenção de olefinas, como o propeno e o eteno, aproximadamente em uma razão de 3:1. Se a concentração de n-parafinas pode ser aumentada, o rendimento de eteno em relação à nafta pode ser substancialmente mais alto, em torno de 38% a 39% ou mais. Com as reduzidas margens com as quais a maioria dos complexos petroquímicos (*steam crackers*) são forçados a operar, reduções de custo e rendimentos crescentes têm sido essenciais.

Glossário petroquímico

Etileno (C_2H_4) O mais simples alqueno com dois átomos de carbono é um gás inflamável e incolor. Ele é feito industrialmente pelo craqueamento de uma fração, tipicamente nafta, da destilação fracional do petróleo. É usado, muitas vezes, na manufatura de outros produtos químicos, por exemplo, na hidratação direta do eteno fornece etanol, enquanto a oxidação fornece óxido de eteno e daí etano-diol 1,2 (anticongelante comum). A polimerização gera polietileno.

Craqueamento Craqueamento é o processo pelo qual uma grande molécula é quebrada em moléculas menores. A molécula inicial quase sempre é um alcano obtido pela destilação fracional do petróleo, e as moléculas do produto são alcanos e alquenos menores, como $C_8H_{18} >> C_6H_{14} + C_2H_4$.

O craqueamento térmico envolve aquecimento do alcano entre 800 °C e 1.000 °C, algumas vezes na presença de vapor superaquecido. O mecanismo da reação envolve radicais. Outro tipo de craqueamento é o catalítico, que não requer altas temperaturas: 500 °C é comum, mas necessita de um catalisador, como sílica (SiO_2) ou alumina (Al_2O_3). O mecanismo é menos certo, mas pode envolver carbonatações. A maior diferença é que as moléculas de carbono sofrem mais rearranjo no craqueamento catalítico.

Nafta Uma fração de petróleo obtida pela destilação fracional. Diferentes empresas petroquímicas usam diferentes nomes para as frações que têm de cinco a dez átomos de carbono; a faixa entre cinco e oito é chamada muitas vezes de "gasolina"; a que tem de nove a dez é denominada "nafta". A nafta contém principalmente alcanos, tanto de cadeias lineares como ramificadas. Ela é atualmente a matéria-prima favorita para refinar pelo processo de craqueamento.

A nafta é a matéria-prima mais comum enviada a unidades de craqueamento de nafta para a produção de eteno. Um típico fornecimento de nafta contém uma mistura de hidrocarbonetos parafínicos, naftalênicos e aromáticos com peso e estrutura molecular variados. Sua composição varia consideravelmente e tem significativo impacto sobre o eteno e os rendimentos conexos de eteno.

Se é requerido um alto rendimento de eteno, então é preferível ter alta concentração de parafina normal na nafta. Parafina normal e não normal se decompõem em eteno no *cracker*, mas o rendimento do eteno pela parafina normal é muito maior.

Coincidentemente, refinadores e produtores de perfumaria (aromáticos) preferem fornecimentos de nafta pobres em parafina normal. A nafta, que é pobre nesse tipo de parafina, contribui com um maior valor de octanos para a rede de refinadores de gasolina e aumenta o rendimento de aromas em um complexo de perfumaria.

Produtores de eteno poderiam usar nafta com concentração de parafina altamente normal, e refinadores e produtores de perfumaria poderiam usar nafta, que é pobre em parafina normal, para aumentar seus rendimentos. Entretanto, poucos complexos petroquímicos (*steam crackers*), particularmente na Europa, estão em uma posição de aumentar seus rendimentos. A principal limitação é a falta de oportunidades adequadas para a integração de processos que não só reflitam o maior rendimento do eteno, mas também proporcionem melhor utilização de componentes residuais: isoparafinas, naftalenos e perfumes.

Novas tecnologias procuram incorporar uma unidade de processamento que pode separar efetivamente n-parafinas dos componentes de hidrocarbono remanescentes, presentes no fornecimento de nafta.

Unidades de fase-vapor IsoSiv™ foram usadas para enriquecer o fornecimento aos complexos petroquímicos (*steam crackers*) desde 1967. Vários projetos e modos de operar foram usados para tais unidades. Em geral, essas unidades exigem instalação e operação bastante altas, e pouco interesse houve no uso dessa tecnologia em anos mais recentes.

Hoje, a UOP LLC introduziu um novo processo, o MaxEne™, para a produção de eteno, que é uma extensão do conceito de processamento Molex. O MaxEne™ opera na fase líquida e foi desenvolvido para a separação de n-parafinas na faixa C_6-C_{12} (normalmente C_5-C_8 ou C_5-C_{10}), conforme requerido para o fornecimento de complexos petroquímicos (*steam crackers*) para a produção de eteno.

A recuperação de n-parafinas por uma unidade MaxEne é bastante alta: está acima de 90%. Enquanto os rendimentos de eteno graças ao processo MaxEne™ aumentaram mais de 30%, os de propeno permanecem inalterados.

Eteno

O eteno é o fundamento primário para muitos plásticos usados diariamente. Ele é utilizado para produzir o polietileno (PE), do qual uma série de embalagens plásticas é feita. Também se verificam aplicações em outros plásticos, como poliestireno (PS), poliéster e acrílicos, além de ser o principal ingrediente do etileno glicol (anticongelante).

O papel do eteno no setor de embalagens flexíveis é crucial. Ele é um gás derivado do gás natural ou de uma fração do petróleo que tem composição semelhante à deste. Tanto o gás natural como o petróleo são produtos fósseis, portanto, não renováveis.

Devido à combustão, a produção e o refino de eteno consomem muita energia para atingir altas temperaturas de reação e refrigeração a fim de, mais tarde, alcançar temperaturas extremamente baixas para condensar e separar gases (abaixo de –260 °F). Isso porque, em grande parte, a refrigeração é por essência mecanicamente ineficiente – e produzir eteno consome no mínimo 220 megajoules (MJ) por quilo de eteno produzido (20 MJ corresponderiam a 100 W de bulbo de luz por 56 horas).

Boa parte dessa energia é gerada no local de produção, com a queima de um considerável montante de gás natural ou petróleo.

Depois de o eteno ser produzido, é feita uma combinação com solventes, comonômeros, aditivos e outros produtos químicos que participarão das reações químicas combinadas. A mistura é então submetida a uma reação química chamada "polimerização", que cria moléculas de cadeia longa ("mono" significa "um", e "poli", "muitos", de tal modo que "monômero" é uma só molécula – como eteno –, que pode ser unida a outras moléculas de eteno para formar polietileno). O novo polímero é extrudado, peletizado ou flocado, e o produto é chamado de resina. Esta é vendida, reextrudada e transformada em recipientes, filmes e outros produtos (ver Capítulo 2).

Celulose

Esta biomatéria-prima é usada para fazer papel e filme, sendo ambos usados como materiais de embalagem flexível. O papel é feito de polpa, que é em sua maior parte de celulose. Esta última é normalmente derivada de várias fibras vegetais, basicamente algodão e linho, ou de polpa de madeira.

A indústria de papel e celulose usa diversos processos para converter fibra de madeira em polpa de celulose que, depois, é transformada em papel, papel de imprensa, papelão e milhares de outros produtos. O processo básico de celulose reduz a madeira a fibras por meios mecânicos ou por aquecimento em soluções químicas. Para fazer papel, as fibras são misturadas com água e laminadas em folhas contínuas, que mais tarde são prensadas e secas.

A celulose é o produto da fragmentação mecânica ou química de materiais de fibras de celulose. Quando misturada com água, a massa de fibras pode ser espalhada em finas camadas de fibras emaranhadas. Quando a água é removida, a camada de fibras remanescentes é essencialmente papel, embora na prática outros materiais possam ser adicionados para dar ao papel melhor superfície para impressão, maior densidade ou resistência extra, por exemplo, no caso de papelão usado em embalagens etc.

Celuloses químicas

O principal objetivo do processo químico de celulose é remover lignina e outros materiais que ligam células individuais a outras, tornando as fibras diretamente disponíveis para a fabricação do papel. Elas são menos danificadas nesse processo químico do que em outros processos de produção de celulose.

O processo químico de celulose requer significativo aporte de energia, principalmente no processo a quente, mas usa menos energia elétrica que os processos mecânicos. Entretanto, muitos moinhos modernos de celulose *craft* são autossuficientes em termos de energia, com a combustão de resíduos e aparas de papel que satisfazem todas as necessidades elétricas e caloríficas.

Celulose de sulfato (*craft*)

Este processo, em que pedaços são cozidos em uma mistura de partes aproximadamente iguais de soda cáustica e sulfeto de sódio, é uma melhoria do processo de soda.

A celulose *craft* é usada no ponto em que resistência mecânica, cor, resistência à abrasão e ao rasgo são menos importantes. Exemplos típicos são sacolas de papel marrom, sacos de cimento e tipos similares de papel de envolvimento, mais conhecido como de embrulho.

Filme de celulose

A celulose é um carboidrato de cadeia longa sem reticulação. O grande número de grupos de hidroxilas em cada molécula resulta em muitas pontes de hidrogênio que desencadearão cadeias com forte atração entre si. É pertinente ressaltar que a celulose não é termoplástica.

O celofane é um importante biofilme baseado em celulose. Ele é transparente e flexível, com boas propriedades de tração e alongamento. Trata-se de uma forma regenerada de celulose. Muitas vezes ele é revestido, por exemplo, com cera de nitrocelulose (NC-W) ou poli(cloreto de vinilideno) – PVdC – para melhorar a barreira ao vapor d'água e torná-lo termosselável. O celofane NC-W é plenamente biodegradável, mas o celofane PVdC degrada-se em pequenos fragmentos, os quais não são biodegradáveis. O celofane não revestido é uma boa barreira ao oxigênio, gorduras, óleos e sabores quando a umidade relativa é baixa, mas essas propriedades sofrem com o aumento da umidade.

Como a celulose não é termoplástica, não pode ser extrudada. Filmes de celulose não são comestíveis, embora possam ser modificados para isso. Éteres de celulose – metilcelulose (MC), hidroxipropilmetilcelulose (HPMC), hidroxipropilcelulose (HPC), carboximetilcelulose (CMC) – são comestíveis. Esses filmes têm moderada resistência, são flexíveis, transparentes e resistentes a óleos e gorduras.

O HPC é o único polímero derivado de celulose biodegradável e comestível que é termoplástico e, portanto, extrudável. Possui uma desvantagem, uma vez que é sensível à água. Entretanto, se revestido com lipídios sólidos, por exemplo, filmes de dupla camada de MC ou HPMC com ácido esteárico ou ácido palmítico, esse problema pode ser resolvido. Acetato de celulose ou etilcelulose também são termoplásticos e podem ser obtidos de uma solução não aquosa ou extrudados. Eles proporcionam boas barreiras contra óleos e gorduras, mas não contra a umidade.

Embora o acetato de celulose não seja boa barreira à umidade ou ao oxigênio, ele trabalha bem com produtos de elevada umidade e pouco sensíveis a oxigênio, ou com vida de prateleira curta, porque respira e não faz névoa.

Propriedades de filmes baseados em celulose – Filmes tirados de soluções de etanol aquoso de éteres de celulose têm boas propriedades. Eles são resistentes a óleos e gorduras, e agem como barreiras moderadas à umidade e ao oxigênio. Outras propriedades são: média resistência, flexibilidade, transparência, boas propriedades organolépticas e solubilidade em água. MC é o mais hidrofóbico dos éteres de celulose, mas não é uma boa barreira a misturas. Contudo, é um excelente obstáculo à migração de gorduras e óleos. Polímeros comestíveis derivados de celulose não podem ser extrudados ou moldados por injeção, pois não são termoplásticos (exceto para hidroxipropil celulose). Tanto o MC quanto o HPMC formam revestimentos de gel termicamente induzidos e são usados em batata frita congelada, tiras de cebola e outros alimentos refrigerados para diminuir a absorção de óleo durante o cozimento.

Papel

Embalagens baseadas em papel e papelão correspondem a 40% em peso de todas as embalagens ao redor do mundo. A principal força/propriedade da embalagem em papel é a sua flexibilidade. Ela é fácil de imprimir e pode ser usada com outros materiais, como plásticos ou revestimentos semelhantes à prova d'água. Diferentemente de plásticos, embalagens de papel são feitas de fontes de material renovável e possuem uma cadeia de reciclagem bem desenvolvida.

O papel é usado para fazer três principais tipos de embalagem: corrugado, sacaria *craft* e papelão para recipientes. O papelão corrugado é o mais popular devido à sua relativa resistência, baixo custo e adaptabilidade.

Produtos de papel podem ser divididos por gramatura em duas categorias: papel e papelão. Papéis consistem em uma faixa de peso de 25 a 300 g/m^2. Papelão é manufaturado, utiliza uma técnica de multicamada e possui peso entre 170 e 600 g/m^2.

A fronteira entre papel e papelão não é claramente percebida, porque há papelões mais leves que os papéis mais pesados. Mais importante que o peso é o uso que determina onde a fronteira é traçada – papel para imprensa e papelão para embalagem.

O papel mais forte de embalagem é feito de papel *craft*. Alvejado ou não alvejado, o *craft* é usado para fazer sacos, sacolas, recipientes revestidos e embrulhos externos.

Papéis para embalagens flexíveis

Esta forma de embalagem é largamente usada como um envoltório descartável para produtos alimentares e bebidas que ainda não foram embaladas. Eles são também usados como um revestimento de apresentação externa para diferentes tipos de produtos. O papel de embrulho pode ser revestido ou não e ser colorido. Entre suas principais aplicações estão: embalar produtos alimentícios, presentes, e dar proteção temporária a outros produtos de varejo comercializados soltos.

No setor de alimentos, os papéis de embalagem podem ser usados para cobrir produtos, como pão recém-assado e queijos frescos. Essa última aplicação é popular na França. No setor de embrulho de presentes, a demanda por papéis de embalagem é altamente sazonal, com apreciáveis picos nas festas natalinas.

Embalagens de papel e sacolas são populares entre varejistas e seus clientes porque são baratas, leves, adequadas para o tipo de função a que se destinam e facilmente descartáveis. Quer natural, quer alvejado, polido, bem acabado, revestido ou associado a outros materiais, o papel vem em vários padrões e tamanhos: sacolas de papel para frutas e vegetais, sacos de cimento, papel cristalizado ou fosforescente, papéis técnicos e especiais (tampas de iogurte, separadores de folhas metálicas) etc.

Entretanto, o panorama para o mercado de embalagem de papel flexível, tanto no Reino Unido quanto na Europa, está em declínio. Em 2000, a demanda de papéis de embalagem flexível na Europa Ocidental era dimensionada em termos de 363.000 toneladas, abaixo das 374.000 em 1997. Em 2001, esse número caiu para 360.060 toneladas, e a demanda por papéis de embalagem flexível na Europa Ocidental tinha previsão de cair posteriormente para 345.700 toneladas em 2006. No Reino Unido, uma tendência semelhante de demanda de longo prazo foi observada durante a maior parte dos anos 1990.

Os papéis de embrulho estão sob constante ameaça dos filmes plásticos em uma série de usos finais, como bens panificados, alimentos secos, confecções e sopas. Isso tem sido atenuado pela manutenção de crescimento de usos finais e contínua popularidade em países como França e Alemanha. Esses dois países são os maiores mercados de papéis de embalagem flexível, e, juntos, abrangem uma estimativa de 40% do consumo total europeu.

Entre as aplicações de destaque para papéis de embalagem flexível estão os embrulhos de *fast-food* (lanches) e papel metalizado para maços de cigarro. Também nas embalagens de farinha e açúcar e nas aplicações tradicionais, como queijos franceses, o papel de embrulhar continua a dominar, porque esses itens não são higroscópicos.

Papel-alumínio

O papel-alumínio está disponível em uma série de ligas de alumínio especialmente desenvolvidas, bem como em puro alumínio. As ligas de alumínio proporcionam variados graus de resistência e outras características que resultam em usos extremamente variados, por exemplo, folha de embalagem flexível. Rolos de chapas de alumínio com espessuras de 2 mm a 4 mm puderam ser passados para espessuras entre 0,045 mm e 0,4 mm para fazer travessas e pratos semirrígidos e recipientes para os mercados de produtos de padaria, carnes, refeições rápidas, lojas de conveniência, serviços de bufê e produtos pet.

Papel-alumínio plano (não laminado) em espessuras em torno de 0,012 mm e 0,018 mm é usado em grandes quantidades para embrulhos caseiros e em bufê. O papel-alumínio é usado em mais de 97% dos lares do Reino Unido. Em muitos casos, a folha mais fina – com espessura entre 0,007 mm e 0,009 mm – é usada laminada com uma ou mais camadas de outros materiais, como papel, papelão e plásticos, revestidos, impressos e realçados para produzir pacotes de gêneros alimentícios, bebidas, produtos farmacêuticos, tabaco, cosméticos, produtos hortifrutigranjeiros, médicos e industriais.

A folha de alumínio extremamente fina oferece a muitos produtos embalados as melhores propriedades de barreira, que incluem: prevenção de perda de aromas valiosos e proteção de conteúdos contra luz, oxigênio, umidade e contaminação. A folha garante qualidade e a melhor proteção contra deterioração para produtos sensíveis e nutritivos.

O papel-alumínio com espessura de 0,0063 mm, comumente usado em laminados de embalagem, pode guardar gêneros alimentícios frescos por meses sem refrigeração.

As principais aplicações dessa embalagem incluem: cartonagens com folha de alumínio para bebidas; saquinhos; alimentos preservados em bolsas plásticas e cartonagens; tubetes de iogurte e envoltórios para manteiga ou queijo; embalagens de confeitos; *blister* farmacêutico e pacotes de viagem; recipientes de papel-alumínio para produtos de padaria; refeições rápidas e alimentos para cães e gatos etc.

O papel-alumínio tem alta condutividade térmica, o que reduz a energia requerida para selamento e esterilização. Além disso, é maleável e pode ser *deadfolded*, ou seja, benéfico em recipientes desenhados profundamente, pois realça o desenho de superfície ou envoltórios: por exemplo, formatos de fundo. Outra vantagem é o fato de ser reciclável.

Recentes estudos da Pira indicam que o mercado de embalagens flexíveis para papel-alumínio tem superado o crescimento de outros materiais. As tendências de estilos de vida e as embalagens inovadoras ajudarão a posicionar seu futuro sadio. Novas tendências incluem o uso de papel-alumínio em embalagens para cuidados com saúde, bem como o aumento do uso em *pouches* de folha alumínica.

No caso de outras aplicações de embalagens flexíveis, o papel-alumínio beneficia-se de sua aptidão para proteger lacticínios contra a luz ultravioleta. Estudos mostram que a luz não só reduz a vitamina contida no leite, mas também age como um catalisador para a oxidação de ácidos de gorduras insaturadas. O vidro incolor transmite 92% da luz; uma embalagem cartonada laminada com folha de alumínio transmite 0%.

É evidente o crescimento, nas prateleiras de supermercados da Europa, do uso de pacotes verticais laminados com papel-alumínio e papelão para novos produtos alimentícios de longa vida.

O pacote laminado flexível *(retortable pouch)* é agora bem visto pelos consumidores de produtos finais. Trata-se de um material robusto com paredes finas que permitem a penetração do calor e também um rápido resfriamento. Isso dá pleno controle sobre a temperatura e o tempo de processamento necessários para assegurar a máxima qualidade dos alimentos nele contido. O formato amplo oferece também uma excelente oportunidade para elaboração de *displays* multicoloridos.

2

materiais **flexíveis**

Um dos segmentos que mais cresceu na indústria de embalagens é o de embalagem flexível, em particular, as embalagens plásticas flexíveis. O desenvolvimento tecnológico em plásticos flexíveis permitiu ao material conquistar a fatia de mercado que antes era das embalagens de papel, principalmente da caixa corrugada rígida. Embalagens plásticas flexíveis ainda estão em pleno desenvolvimento, com lançamentos frequentes de novas resinas, estruturas de filmes e métodos de conformação e enchimento.

Novos produtos plásticos e novas aplicações para produtos existentes chegam constantemente ao mercado. Enquanto a maioria dos flexíveis é produzida por polímeros *commodities*, um número cada vez maior de sofisticadas estruturas multicamadas e combinações de substratos surge no mercado.

A embalagem na Europa Ocidental é um grande negócio: abrange mais de 1% do Produto Interno Bruto (PIB) regional. O plástico é o segundo mais importante material na Europa – depois do papel e do papelão. É também o mais dinâmico, com crescimento baseado em tendências históricas: algo entre 4% e 5% ao ano. O componente flexível dispõe de aproximadamente 30% de todas as vendas de embalagem plástica na Europa Ocidental. Em sua definição mais ampla, isso inclui vendas de filmes *stretch* termoencolhíveis, *pallets* e encolhimento de colação, sacolas de transporte, sacos agrícolas e de lixo, limpeza e lavanderia a seco, revestimentos industriais, sacos para carga pesada (conforme norma legal), filme-bolha, filme de correio, embalagem flexível convertida, usada principalmente para produtos de consumo, como alimentos, produtos de mercearia, DIY ("faça você mesmo") e cuidados com saúde.

De acordo com as estimativas da Pira, em 2002, os filmes plásticos representaram cerca de 78% dos materiais de embalagem flexível usados na Europa Ocidental.

Os principais materiais de embalagem flexível são: polietileno (PE), polipropileno biorientado (BOPP), filme *cast* de polipropileno (PP), poliamida (PA), poli(cloreto de vinila) (PVC), poli(etileno tereftalato) (PET), celulose, papel-alumínio e papéis.

Entre os substratos usados para embalagem flexível na Europa Ocidental, o PE tem a mais larga fatia. Entretanto, sua taxa de crescimento é baixa em comparação a rivais como BOPP e o elenco de PP, PA e poliéster biorientado (BOPET). A Pira estimava uma taxa de crescimento para o PE de 1,5% ao ano para 2006, menos que o crescimento previsto para o PIB na Europa Ocidental.

Há vários anos, polietilenos lineares (PELBD e PEAD) e PP mostraram as mais altas taxas de crescimento e espera-se que essas taxas continuem a se elevar, ultrapassando o PIB. De acordo com algumas estimativas, a demanda global para PP crescerá em torno de 6% a 8% no mesmo período. O consumo *per capita* de resinas de PP ao redor do mundo tem a expectativa de crescer nos próximos anos.

A capacidade mundial de PP teve previsão de aumentar em bem mais que 6 milhões de metros cúbicos entre 2001 e 2006. A América do Norte, a Europa Ocidental e a Ásia atingiram essa capacidade. Como ocorreu com o PE, as novas instalações de PP em construção são 1,5 a 2 vezes mais amplas que cinco anos atrás, além de mais versáteis.

A produção total europeia de propeno, em 2002, foi calculada em torno de 14 milhões de toneladas. No fim de 2000 havia 50 *steam crackers* (complexos petroquímicos) operando na Europa Ocidental e nove no Leste Europeu, com capacidades anuais de eteno de 21,6 e 2,2 milhões de toneladas, respectivamente, fornecendo um total de 23,8 milhões de toneladas.

Em 2002, o consumo de PE na Europa Ocidental era estimado em 975.000 toneladas, com pouca mudança em relação às 920.000 toneladas consumidas em 1998. A taxa de crescimento para BOPP, estimada em torno de 3,25%, viu o consumo na região crescer de 476.000 toneladas em 1998 para 570.000 toneladas em 2002 – e havia previsão para chegar às 650.000 toneladas em 2006.

As razões para essa taxa de crescimento são numerosas: sendo uma das histórias de sucesso da embalagem flexível dos anos 1990, o BOPP aumentou sua demanda devido à substituição de filmes de celulose, de PVC, papel-alumínio e papel. Tão compreensível era seu avanço como material substituto nas aplicações de embalagem flexível que a demanda da Europa Ocidental cresceu de 335.000 toneladas para 475.500 toneladas entre 1993 e 1998.

A maior demanda é proveniente de filmes coextrudados, com cerca de dois terços de demanda de filme de embalagem BOPP. O aumento na faixa de crescimento de BOPP coextrudado é obtido, em grande parte, por meio de um processo mais barato e eficiente.

Aproximadamente 10% dos filmes de embalagem BOPP são metalizados; destes, dois terços são usados em embalagens de lanches e salgadinhos (*snacks*), com a maioria de seu movimento usado em confeitos, produtos de padaria e alimentos secos. O crescimento na demanda para BOPP metalizado é posicionado para expandir filmes de embalagem BOPP como um todo, em torno de 9% ao ano.

As propriedades do BOPP que lhe têm permitido crescer organicamente como material substituto de papel, papel-alumínio, PVC e outros filmes são:

- Boas propriedades de barreira contra a umidade.
- Baixa barreira a gás sem revestimento.
- Baixa resistência ao rasgo.

- Pode ser selado quando revestido ou coextrudado.
- Excelente claridade e rigidez.
- Percepção de ser um material favorável ao meio ambiente – fácil de reciclar ou incinerar.
- É de facil uso pela maquinaria.
- Mais barato por metro quadrado que outros filmes (embora mais caro que PE) devido à sua densidade mais baixa e rendimento mais alto.

A principal desvantagem do BOPP é o seu alto ponto de fusão, entre 160 °C e 165 °C, e sua estreita janela de processo para selagem, a qual exige constante monitoramento da linha de embalagem.

Os principais setores de demanda para filme BOPP são:

- petiscos (*snack*);
- confeitos;
- pães e bolos (panificação);
- biscoitos;
- embrulhos de papelão;
- chá e café.

Poliolefinas

O termo genérico poliolefinas refere-se a uma família de polímeros derivada de um grupo particular de químicos básicos conhecido como olefinas. A família das poliolefinas inclui PP e PE. Poliolefinas são feitas pela junção de pequenas moléculas (monômeros) para formar longas cadeias (polímeros) com milhares de ligações individuais.

Os monômeros-base, propeno e eteno, são gases à temperatura ambiente, mas, quando ligados quimicamente por meio de uma reação denominada polimerização, tornam-se longas cadeias de moléculas (polímeros). Como polímeros, eles formam materiais plásticos com larga variedade de uso.

O processo de polimerização requer altas temperaturas e, em muitos casos, alta pressão e o uso de sistema catalítico. Catalisadores são geralmente uma mistura de compostos de titânio e alumínio. Sem essas notáveis substâncias, a produção de poliolefinas não seria factível. O sucesso da poliolefina deve-se, em grande parte, aos poderosos e sofisticados sistemas catalíticos.

Embora o eteno tenha sido polimerizado com sucesso nos anos 1930, foi só no começo dos anos 1950 que se deu o progresso com a polimerização do propeno. O PP formado é um líquido ólico. O segredo para criar uma forma "isotática" do PP está relacionado ao sistema catalítico usado para dirigir a reação: o correto sistema catalítico enfileira as moléculas para se assegurar de que estão no caminho correto quando formam a cadeia.

Após longos experimentos com diferentes agentes catalíticos, o "estalo" veio em 11 de março de 1954. Ao longo das décadas seguintes, os sistemas catalíticos e de processo usados para produzir PP e PE foram progressivamente refinados. Com o desenvolvimento contínuo, os sistemas catalíticos tornaram-se mais potentes e sofisticados, o PP e o PE produzidos passaram a ser mais puros e mais versáteis, e o processo de produção tornou-se mais simples e eficiente.

Poliolefinas são a família de polímero de mais rápido crescimento do mundo. Modernas poliolefinas custam menos para produzir e processar que muitos plásticos e materiais que elas mesmas substituem. Além disso, o melhoramento contínuo na resistência e na durabilidade capacita os transformadores a fazerem menos uso delas. As poliolefinas de hoje têm muitas variedades: abrangem de tenazes e rígidos materiais para decoração externa e componentes de carros até fibras leves e flexíveis. Algumas possuem alta resistência ao calor, como recipientes para alimentos preparados no micro-ondas, enquanto outras são fáceis de fundir e podem ser usadas em embalagens alimentícias seláveis por calor. Ora são transparentes como vidro, ora completamente opacas.

Por meio de pesquisa e desenvolvimento, a variedade de materiais disponíveis aumenta e as poliolefinas estão firmemente substituindo outros polímeros e materiais tradicionais em muitas aplicações. Filmes feitos de poliolefinas são amplamente usados para embalar alimentos e outros bens. Basicamente, tais filmes são obtidos forçando-se o polímero fundido por uma estreita passagem denominada matriz. O filme produzido dessa maneira pode mais tarde ser esticado para se tornar mais forte. Filmes podem ser feitos para revestir outros materiais, por exemplo, papel, a fim de torná-los reluzentes e à prova d'água.

Além de serem altamente transparentes e brilhantes, os materiais usados para fazer filmes devem ser fortes o suficiente para que não sejam rasgados durante a manufatura. Quando usados para embalar alimentos, devem obedecer às normas de contato com alimentos. O material mais amplamente usado no mundo para embalar alimento é o filme de PP, pois proporciona forte e atrativa proteção para uma ampla gama de gêneros alimentícios. Os últimos avanços em poliolefinas atualmente revelam um crescente interesse por parte dos fabricantes na sua utilização, o que estimula o desenvolvimento de novas tecnologias para expandir as possibilidades de emprego desses filmes.

Figura **2-1**
Monômeros

Monômero etileno:

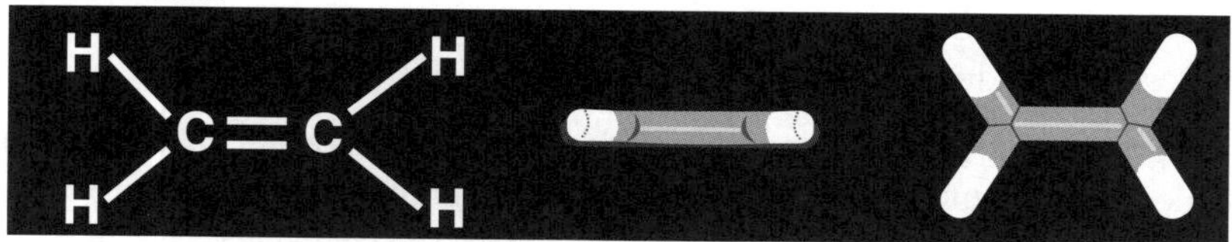

Monômero propileno:

H
CH3
C=C
H
H

(continua)

Figura **2-1**
Monômeros (continuação)

Monômero vinil cloro:

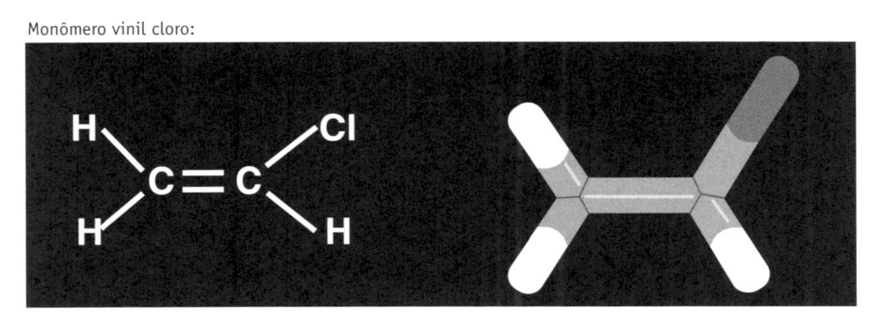

Monômero estireno:

Tipos de plásticos flexíveis

As embalagens de plásticos flexíveis beneficiam-se da ampla gama de polímeros disponíveis, cada um com sua própria combinação de propriedades físicas e químicas. Esses polímeros podem ser usados sozinhos, em combinação com outros polímeros ou com outros materiais, como alumínio ou papelão. Segue uma análise de como esses materiais podem ser usados:

- Monomaterial – sacolas de compras, embalagem de guloseimas/embalagens para torção.
- Multicamadas de polímero – recipiente/refil de detergentes, grandes sacolas de PP com forros de PE, bolsas de sangue/fluidos.
- Combinados com outros materiais – filme metalizado, forro PE em tambor de aço, embalagens "sacola na caixa" *(bag-in-box)*.

Polietileno – O PE é produzido de diversas formas. O polietileno de alta densidade (PEAD) é usado tanto para embalagens flexíveis quanto para embalagens rígidas. Nas aplicações flexíveis é aproveitado na manufatura de filmes soprados e moldados para muitos itens alimentícios. O polietileno de baixa densidade (PEBD), por sua vez, é utilizado na manufatura de revestimentos industriais *(industrial liners)*, barreiras de vapor, filmes para coberturas encolhíveis e esticáveis, enquanto o polietileno linear de baixa densidade (PELBD) é usado na manufatura de filmes esticáveis/aderentes, bolsas de mercearias e sacaria industrial *(heavy duty)*.

Polipropileno – O PP é usado na manufatura de embalagens médicas, revestimentos à prova de umidade e filmes resistentes à gordura.

PET – É utilizado tanto em embalagens rígidas quanto flexíveis. Nas embalagens flexíveis, o PET é comumente usado na manufatura de recipientes de alimentos *boil-in-bag* (alimentos pré-cozidos) e de recipientes para aplicações médicas esterilizáveis.

PVC – Também se verifica seu uso para aplicações de embalagens rígidas e flexíveis. O PVC, nos últimos anos, teve de enfrentar questões levantadas pelo *lobby* ambiental. É usado, entretanto, na manufatura de filmes para embalar manteiga, carne, peixe, aves e produtos frescos. Além disso, utiliza-se o PVC para fazer bolsas de sangue e soluções intravenosas, bem como na manufatura de embalagens de ampolas para aparelhagens medicinais, produtos farmacêuticos, *hardware* e brinquedos.

Policarbonato (PC) – Os filmes de PC são usados para embalar pão pré-assado, biscoitos, confeitos, carnes e queijos processados.

Copolímero de etileno e álcool vinílico (EVOH) – Este material é usado em embalagens multicamadas em geral para proporcionar barreira ao oxigênio.

Outros materiais

Poli(etileno naftalato) (PEN) – Este poliéster é semelhante ao PET, porém mais resistente à temperatura; espera-se que tenha melhor desempenho futuro quando os preços caírem e a produção aumentar. O PEN oferece um bom equilíbrio de propriedades e gerenciabilidade que proporcionam muitas vantagens em aplicações de embalagem que requeiram transparência e performance de barreira a gás e água, além de alta performance térmica, barreira ou filtro a UV, alta resistência e estabilidade dimensional.

As propriedades mecânicas do PEN permitem calibração para filmes mais finos. Ele também pode ser mesclado com o PET para produzir um copolímero mais barato que o PEN, mas que retém as superiores qualidades de barreira desse material.

Polímeros em combinação – Cada polímero para embalagem tem suas próprias propriedades físicas e químicas específicas. Um modo de conseguir ótima performance de custo e função precisa de embalagem é usar uma combinação de diferentes polímeros. Um exemplo pode ser a manufatura de um tubo de pasta de dente, que é feito geralmente de diversas camadas de polímero, muitas vezes com "camadas de adesivo" intermediárias que as ligam entre si. Ele deve conter também um material de barreira.

Da mesma forma, a reciclagem desempenha seu papel. Em alguns países, na embalagem de detergentes, muitos recipientes agora são feitos com três camadas de um mesmo polímero, como o PEAD, mas com a camada média feita a partir de resíduos de pós-consumo. As camadas externas de polímero virgem adquirem as desejadas características de superfície e protegem os conteúdos da contaminação.

Polímeros com outros materiais – Plásticos são usados algumas vezes em combinação com outros materiais. Um exemplo é a caixa de cereal consumido no café-da-manhã, em que um saquinho plástico é muitas vezes usado dentro do papelão. Mesmo nesse caso, para assegurar a máxima conservação do produto, o saquinho tem a construção em multicamadas de diferentes polímeros. Já em produtos farmacêuticos, muitos são embalados com *blisters* plásticos e papel-alumínio.

Conversão de plásticos flexíveis

Uma importante propriedade dos plásticos, que os torna adequados ao uso em ampla gama de embalagens de baixo custo, é sua habilidade para serem convertidos em uma ampla variedade de formas.

Extrusão – O primeiro de vários processos de transformação ou conformação de plásticos é a extrusão. Grânulos são mandados por um funil para dentro do barril da extrusora, onde então são fundidos por calor e pela ação mecânica de parafuso (ou rosca). A ação do parafuso força o plástico fundido, por meio de um orifício chamado de matriz, determinando o tipo de produto fabricado. O desenho da matriz permitirá a obtenção de filmes finos de plástico flexível que serão usados em embalagens para alimentos.

Filme plano (*cast film*) – O filme de embalagem pode ser produzido por extrusão por matriz plana seguida de resfriamento em cilindro resfriado (*chill roll*). A temperatura do cilindro resfriado é controlada com a finalidade de resfriar o filme progressivamente. A calibragem do filme é determinada pelas dimensões da matriz e pelas taxas de extrusão e puxamento. Quando um resfriamento mais rápido for necessário, às vezes o filme passará por um banho de água. Durante o processo de produção, o filme (*cast*) pode ser orientado por estiramento, técnica que melhora a resistência à tração e aumenta a barreira a gases.

A orientação pode ser em uma direção (orientação uniaxial) ou em duas (orientação biaxial). O filme usado para fazer sacolas e bolsas é usualmente orientado uniaxialmente, porque a maioria das forças, por experiência, somente ocorrem em uma direção.

Calandragem – Um método alternativo de produzir filmes é passar o extrudado por meio de uma calandra. Diferentemente do cilindro resfriado usado no processo de filme plano, a pressão é exercida na folha entre os rolos de uma calandra, o que possibilita características especiais de superfície, como a texturização. A espessura da folha pode ser controlada pelo espaçamento entre os rolos. A temperatura desses rolos é controlada de modo que o filme permaneça quente durante o processo de calandragem. O resfriamento é executado em estágio posterior. O controle rígido sobre a espessura do filme ou folha pode ser conseguido por intermédio do processo de calandragem, que é muitas vezes usado na manufatura do PVC.

Filme soprado – Um meio popular de fazer filmes é pelo processo de extrusão mediante uma matriz anular, a qual produz um tubo. O ar é soprado dentro do tubo levando-o a formar uma bolha. Quando essa bolha resfria suficientemente, ela é colapsada entre cilindros e enrolada em um tambor. A ação de soprar estica o filme radialmente; muitas vezes, o filme é também esticado de modo vertical, por um processo de enrolamento. O resultado é um filme biaxialmente orientado muito forte. Filmes multicamadas, quase sempre usados na embalagem de alimentos, podem ser produzidos por esse processo.

Polietileno

O PE, em suas várias formas – PEBD, PELBD e PEAD –, é o mais comum material de filme usado em embalagem flexível primária transformada. Suas principais propriedades são:

- Barato em relação a outros filmes.
- Boa resistência à perfuração.
- Boa performance a baixa temperatura.
- Boas propriedades de selagem e a habilidade de ser selado a ele mesmo sem revestimento.
- Boas propriedades de barreira à umidade.
- Fracas propriedades de barreira a gases.

Os usos de filme PE mono *web film* incluem: alimentos congelados; confeitos; embalagens de carnes processadas e coextrudadas para embalar cereais; saquinhos de pão e arroz; embalagens encolhíveis de colação e para uma série de produtos, como rolos de cozinha e papel higiênico.

Historicamente, o crescimento na Europa Ocidental gira em torno de 1,5% ao ano. Com base nisso, o consumo em 2006 seria um pouco acima de 1 milhão de toneladas, dado o consumo, em 2002, de 975.000 toneladas.

Cerca de 5,1 milhões de toneladas de filmes de PE foram consumidas na Europa Ocidental em 2001 – e cerca de 80% em aplicações de embalagem. Isso incluiu filmes esticáveis e encolhíveis (*stretch and shrink films*), sacolas de transporte, sacos de lixo, sacolas caseiras e sacaria industrial (*heavy duty*).

O uso de filmes de PE em linhas de empacotamento automático foi estimado em 975.000 toneladas em 2002, uma vez que seu crescimento começou em 1998 (920.000 toneladas). Futuramente, a demanda deve abaixar. Trata-se do reflexo tanto da maturidade do mercado quanto da invasão de outros filmes, como o BOPP, em uma série de aplicações.

CPP (PP *cast*)

O consumo de filmes planos de polipropileno (CPP) tende a aumentar na Europa Ocidental nos próximos anos. O crescimento anual, de acordo com as tendências, será de quase 5%. Então, a demanda por CPP era de aproximadamente 180.000 toneladas para 2006.

Entre as propriedades pelas quais o filme CPP é valorizado estão:

- Alta resistência a impacto.
- Boas propriedades de barreira à umidade.
- Fraca barreira a gases sem revestimento.
- Habilidade de ser selado a si próprio.
- Excelente transparência e rigidez.
- Fácil de ser reciclado ou incinerado.

Suas aplicações de uso final incluem:

- Embalagem têxtil.
- Janelas transparentes em cartonagens de alimentos.
- Pão e produtos de padaria, com significativa demanda na Alemanha e na Escandinávia.
- Filmes-torção (PPT) para confeitos, especialmente na Alemanha.
- Aplicações medicinais e farmacêuticas em estruturas multicamadas.
- Embrulho para flores.
- Laminações com outros materiais.

PA

Em 2002, cerca de 100.000 toneladas de resina de poliamida (náilon) foram consumidas na Europa Ocidental em aplicações de embalagem flexível. Nos derradeiros anos da década de 1990, a demanda cresceu em torno de 4.000 toneladas ao ano. Com base em tendências anteriores, esperava-se crescimento do consumo para fechar em 120.000 toneladas em 2006.

Filmes de náilon são usados em uma série de aplicações de embalagem. Suas propriedades de barreira a gás são frequentemente utilizadas em estruturas multicamadas e em combinação com poliolefinas para bolsas plásticas de barreira e *lidding films*. Entre as aplicações de uso final estão: laminações PA/PE impressas no reverso para conversão em embalagens de carnes processadas e peixes congelados, bem como coextrusões para embalagem de carnes processadas, queijos e embalagem medicinal.

Mais da metade da demanda da Europa Ocidental por resinas de náilon para aplicações de embalagem flexível é para filmes planos de poliamida (CPA). O restante é para filmes de poliamida biorientada (BOPA), para o qual a demanda cresce em torno de 6% ao ano, contra 5% para o CPA, filmes de barreira e outras coextrusões.

As características da PA incluem:

- É o mais caro dos principais filmes usados em embalagem flexível.
- Excelente resistência à perfuração, fornecendo alta resistência à tração e habilidade de permanecer flexível a baixas temperaturas.
- Boas propriedades de barreira a gases e odores.
- De moderada a boa resistência à umidade.
- Não é autosselável, exceto em versões coextrudadas.

PET

Cerca de 60.000 toneladas de PET foram usadas na Europa Ocidental para embalagem flexível em 2002. Com base em taxas de crescimento de mais de 7% ao ano, ele poderia atingir cerca de 75.000 toneladas em 2006.

O filme de poliéster é altamente visado por suas avançadas propriedades técnicas, que são exploradas em um vasto leque de aplicações alimentícias. As mais importantes são as de embalagens de carne fresca, peixe e aves, carnes processadas, petiscos e guloseimas *(snack foods)*, pães e bolos, alimentos secos e comercializados em lojas de conveniência.

O filme de poliéster, que é caro em relação ao PE e ao BOPP, tem as seguintes propriedades:

- Resistência superior a perfuração e esticamento.
- Alta resistência mecânica.
- Boa estabilidade térmica.
- Alta transparência.
- Disponível em espessuras de até 12 mícrons.
- Moderadamente boa barreira a gases e umidade.
- Excelente *carrier web* (substrato) para revestimentos e metalização a vácuo.
- Não pode ser autosselado, exceto quando coextrudado ou revestido com camada de selagem.

As principais tendências associadas aos diferentes tipos de PET incluem:

- Crescimento no uso de filme com tratamento corona, pois os fornecedores agora o vendem ao mesmo preço do filme plano.
- Filmes PET revestidos de PVdC são substituídos por filmes PET coextrudados com óxido de silício e EVOH.
- Filmes PET revestidos, como filmes revestidos com acrílico, se tornarão *commodity* padrão em vez do filme PET plano com tratamento corona.

O mercado de filme PET para embalagens na Europa Ocidental cresce em torno de 4,5% ao ano e deve aumentar ainda mais nos próximos anos.

As principais razões para esse contínuo crescimento na demanda de filmes PET refletem os motivos para o crescimento no mercado de embalagem flexível como um todo: o aumento do consumo de alimentos embalados na Europa Ocidental, particularmente carne pré-embalada, lanches e *snacks,* bem como carnes de rápida preparação, e o uso crescente de alimentos pré-embalados nos países do sul da Europa, como Espanha.

Enfim, a embalagem flexível em filmes de poliéster está substituindo outros formatos e materiais de embalagem, inclusive embalagens rígidas e papéis-alumínio, os quais são substituídos pelo poliéster metalizado em aplicações laminadas.

PVC

Espera-se pouco crescimento para este setor nos próximos anos. A demanda por filmes de PVC para aplicações em embalagem flexível na Europa Ocidental era de cerca de 53.000 toneladas em 2002, com expectativa de crescimento para 56.000 toneladas em 2006. As mais importantes aplicações são para máquinas que embrulham carne fresca, peixe, aves, queijo e para envolvimento de cartonagem. O PVC é também utilizado para embalagem-torção *(twistwrap)*, particularmente na França, Espanha e em outras partes do sul da Europa.

Na Europa Ocidental, o consumo de filme PVC cresce com dificuldade, a 1% ao ano. Isso ocorre porque o uso de filme de embalagem de PVC não só veio a cair pelo embate do *lobby* ambientalista, mas também em razão da baixa avaliação.

As polêmicas ambientais têm sido a principal razão para esse declínio no consumo de filmes de PVC nos mercados da Europa Ocidental do norte, como na Alemanha, Escandinávia e Holanda, desde o início até a metade dos anos 1990. Ao final dessa década, a demanda no Reino Unido, que até então era mantida por causa do efetivo *lobby* da indústria do setor e pelo custo mais alto dos filmes alternativos, também começou a declinar.

Esse declínio foi em parte resultado da substituição de bandejas de EPS (PS expandido) envolvidas por PVC para carne vermelha por sistemas MAP centralmente embalados. Em outras áreas, como envolvimento para ave fresca, a procura tem sido elástica, embora novos formatos de embalagem termoformada estejam desafiando o envolvimento de PVC.

Alternativas de substituição do filme PVC para envolvimento aderente incluem eslastômeros termoplásticos de alta claridade recém-desenvolvidos e baseados em monômeros estirênicos e em olefinas.

Celulose

A celulose foi vítima de substituição pelo BOPP e por outros filmes em várias embalagens de alto consumo. Um dos inconvenientes do filme de celulose é seu alto custo em relação ao BOPP, como resultado do caro processo de produção química envolvido em sua manufatura.

Todavia, a despeito desse diferencial de preço, a celulose permanece popular entre os muitos pequenos processadores de alimentos que operam equipamentos mais velhos ou mais lentos, pois trata-se de um material com ampla janela de temperatura de selagem e boa "maquinabilidade".

Espera-se que continue a preencher um nicho na embalagem flexível. Novos produtos, como efeitos de cores perolizadas, estão sendo desenvolvidos para ampliar seu uso.

Materiais para embalagens-barreira

Copolímero de etileno e álcool vinílico

A presença de uma camada de copolímero de etileno e álcool vinílico (EVOH), por exemplo, em bolsas plásticas de alta barreira abaixa bastante a taxa de transmissão de oxigênio (OTR). Sua OTR mais baixa torna as bolsas plásticas uma boa escolha para produtos como carnes e queijos fatiados para lanches. O EVOH é o material de barreira mais utilizado. Entretanto, é sensível à umidade. À medida que esta aumenta, a estrutura cristalina do EVOH é plastificada, criando caminhos para as moléculas de gás, de forma que sua eficácia como barreira ao oxigênio decresce com o aumento da umidade.

Filmes de poliacrilonitrila

Filmes de poliacrilonitrila (PAN) são fabricados usando-se tanto técnicas de fiação como de moldagem *(casting)* por solventes, com subsequente pirólise, para produzir filmes de carbono com espessura de 200 a 50.000 A. Esses filmes têm condutividade elétrica mais alta que os filmes de carbono produzidos pela maioria dos precursores em temperaturas semelhantes.

Pouco mais de 25 toneladas de PAN ao ano são usadas como material de barreira em embalagem em todo o mundo, e o crescimento é estimado em até 4% ao ano. Muitos montantes são usados em compósitos para outras aplicações, por exemplo, nos setores automotivo, construtivo e aeroespacial.

PCTFE

Atualmente, o melhor filme de barreira à umidade é o policlorotrifluoroetileno (PCTFE), que tem uma taxa de transmissão de vapor d'água (WVTR) menor que 0,03 mg/dia para a maioria das estruturas, além de ser a única verdadeira resina de filme com alta barreira à umidade. A WVTR é normalmente determinada a 38 °C e a 90% de umidade relativa. Filmes de alta barreira têm valores de WVTR de 0,03 mg/dia ou mais baixos. Um exemplo comercial do setor farmacêutico é a Aclar®, marca registrada da Honeywell International, Inc. para seus filmes de alta barreira feitos com PCTFE.

PVOH, filme metalizado

PVOH é usado como revestimento para dar ao filme de embalagem propriedades de alta barreira. Um exemplo comercial é o PP *cast*, filme transparente revestido de PVOH/acrílico da Hifipac S. A. para embalar frutas secas e nozes. Essa embalagem tem estrutura ecoamigável e boa combinação de materiais para alta barreira, transparência e brilho.

Polietileno

Filme de PE de baixa densidade é uma fraca barreira a gás, porém, sua resistência à transmissão de gás aumenta com a densidade. O PE é frequentemente laminado com outros filmes, muitas vezes mais caros, para combinar boa barreira à umidade e propriedades de selamento ao calor com outras propriedades desejáveis.

Polipropileno

O filme OPP (PP orientado) costuma ser mais resistente à transmissão de vapor de água e gás que o PP. Além disso, possui taxas de transmissão de vapor d'água e gás levemente mais baixas que um PE de média densidade. Ele é resistente a gorduras, ácidos e álcalis.

PVdC – poli(cloreto de vinilideno)

Manufaturadas pela Dow, Saran F-Resins estão disponíveis para revestimento via solvente de celofane e outros substratos de filme. O poli(cloreto de vinilideno) (PVdC) é inerte quando em contato com alimentos e pode ser usado como filme ou como revestimento em outros filmes. Muitas vezes, é quimicamente ligado ao PVC para produzir uma gama de copolímeros.

O PVdC é uma excelente barreira ao vapor d'água e ao oxigênio, por isso é usualmente adotado para evitar rancificação de gorduras em peixes. Ele é resistente a gorduras e óleos e a muitos solventes orgânicos. Esse material e seus copolímeros são frequentemente usados como finos revestimentos em outros filmes mais baratos.

Materiais de substrato de alta barreira

A demanda da Europa Ocidental por materiais de alta barreira, como EVOH e PVdC para aplicações em embalagem flexível, era em torno de 95.000 toneladas em 2002. O crescimento de demanda é alto e, em 2006, sua previsão era alcançar 140.000 toneladas, quase o dobro de demanda se comparada aos dados de 2000, quando ela era de 79.000 toneladas.

O desenvolvimento e a exploração de uma crescente gama de sofisticados filmes de barreira na forma de laminações, coextrusões e filmes revestidos, incluindo materiais metalizados, foram determinantes para o sucesso das embalagens flexíveis nas últimas duas ou três décadas do século XX.

Nos próximos anos são esperados novos desenvolvimentos que proporcionarão aos produtos uma vida mais longa nas prateleiras em que são alocados. Também é esperado que cresça o uso de filmes inteligentes, que podem modificar suas propriedades de barreira em resposta a mudanças externas em temperatura e umidade.

Substratos de alta barreira, muitas vezes, são frouxamente definidos para incluir uma ampla gama de substratos de folha, laminados, coextrudados e revestidos que oferecem melhor barreira à transmissão de oxigênio e umidade que filmes em monocamadas e coextrudados.

EVOH

EVOH é um polímero com superiores propriedades de barreira ao oxigênio em condições secas, o que não ocorre quando exposto à água e ao vapor durante o processamento ou autoclave (*retorting*). Entretanto, o EVOH pode ser parcialmente protegido contra a umidade quando coextrudado como uma camada interna em estruturas plásticas multicamadas que incluem polímeros resistentes a altas temperaturas, como o PP. Em razão de suas excelentes propriedades de barreira a gases, as resinas EVOH oferecem excepcional proteção contra a permeação de odor e sabor e encontram aplicações na área de embalagens ativas.

A crescente importância do EVOH como polímero de embalagem de alimentos é resultado de sua excelente processabilidade, alta estabilidade térmica e reciclabilidade. Além disso, alguns estudos preveem que a demanda por EVOH crescerá 10,6% ao ano, pois é comprovado seu valor quando em estruturas de coextrusão.

O maior produtor de EVOH na Europa, a EVAL Europe N.V. (Antuérpia, Bélgica), uma subsidiária da Kuraray Co. Ltd., dobrou sua capacidade de produção de 12.000 toneladas para 24.000 toneladas ao ano. A nova instalação, que custou 8,5 bilhões de libras, terminou no terceiro trimestre de 2003.

Esse aumento de capacidade é considerado necessário para enfrentar a crescente demanda mundial por resinas EVOH EVAL™. EVAL™ é a marca registrada, enquanto EVOH é o nome químico do produto (resina copolimérica).

A EVAL Europe é a única produtora de resinas copolímero EVOH na Europa e é a líder mundial em produção e desenvolvimento de EVOH EVAL™.

A Kuraray continuou a expandir seu negócio de embalagens de alimentos desde que a produção comercial de resinas EVOH começou, ou seja, em 1972.

As principais aplicações de EVAL™ abrangem embalagens de alimentos (filmes flexíveis coextrudados, folhas, frascos e tubos), componentes automotivos (tanques e dutos de combustível) e embalagens medicinais e farmacêuticas.

O aumento mundial da demanda está em 10% ao ano, com o crescimento nos setores alimentícios e farmacêuticos, os quais são responsáveis pela maior porção do bolo. A empresa tem fábricas em Okayama, Japão (capacidade anual de 10.000 toneladas); Pasadena, Texas (EVAL Company of America, com capacidade anual de 23.000 toneladas); e Bélgica (capacidade anual de 12.000 toneladas). A combinada capacidade do Kuraray Group está em torno de 45.000 toneladas, para as quais a empresa estima que não encontrará demanda crescente, e explica a razão para seu plano de expansão.

A Kuraray considera a EVAL™ um de seus principais empreendimentos em seu Novo Plano de Negócios de Médio Prazo em cinco anos (G-21). Esse plano foca o fortalecimento e a expansão de seu negócio global. EVAL™ é também vista como produto-chave para expandir a demanda em áreas ecoamigáveis, uma das quatro áreas estratégicas definidas no plano de expansão da empresa. Alinhada com seu objetivo, ela quer assegurar que as novas instalações de produção configurem melhoramentos de processo que levem em consideração as necessidades de preservação ambiental.

Depois de expandir-se na Europa, a Kuraray pretende obter um crescimento similar em sua EVAL Company of America, situada no Texas, EUA. Para tanto, está planejando um aumento de capacidade de 12.000 a 24.000 toneladas ao ano para 35.000 a 47.000 toneladas anuais.

A EVAL produz uma série de resinas EVOH para este leque de aplicações:

- EVAL L tem o mais baixo conteúdo de etileno que qualquer EVOH e é adequada como grau de barreira ultra-alta para várias aplicações.
- EVAL F oferece superior desempenho de barreira e é amplamente usada em aplicações automotivas, frascos, filmes, tubos e encanamentos.
- EVAL T foi especialmente desenvolvida para obter boa distribuição de camada em termoformagem e se tornou padrão na indústria para aplicações de chapas multicamada.
- EVAL J oferece resultados de termoformagem declarados como superiores aos de EVAL T e pode ser usado para as pouco usuais aplicações em profundidade ou baseadas em filmes sensíveis.
- EVAL H possui um equilíbrio entre propriedades de alta barreira e estabilidade de processamento de longo prazo. Ela é especialmente adequada para filmes soprados

Há especiais versões "U" que permitem melhor processamento e tempos de residência mais longos, mesmo em máquinas menos sofisticadas.

- O conteúdo mais alto de eteno da EVAL E propicia maior flexibilidade e processamento mais fácil. Há diferentes versões para filmes planos e soprados, assim como para tubulações.
- EVAL G tem o mais alto conteúdo de eteno, o que a torna a melhor candidata para aplicação em filmes encolhíveis e esticáveis.

Os principais consumidores de EVAL estão nos setores de embalagens alimentícias e não alimentícias. Produtos embalados abrangem carne (carne fresca, carne seca), frutas, queijo, presunto, massas, pizza, tempero, salame, iogurte, maionese, ketchup, pão, café, chá, manteiga, suco, petiscos e guloseimas *(snacks)*, e comida para animais de estimação.

PVdC

O PVdC foi desenvolvido nos anos 1950 e, por isso, tem uma longa história de uso como material de alta barreira. No começo dos anos 1990, ele era uma das quatro opções para consumidores que exigiam propriedades de barreira em sua embalagem – as outras eram náilon, EVOH e filmes metalizados. Hoje, o PVdC é usado geralmente em estruturas multicamadas com outros materiais para proporcionar melhores propriedades de barreira.

Copolímeros feitos de PVdC são resistentes a uma série de materiais externos. Eles proporcionam barreira contra gases, odor, água, vapor d'água, óleos e gorduras. Além de também serem usados no revestimento de vários materiais (papel, filme plástico, papel-alumínio fino), principalmente, em embalagens alimentícias e em produtos farmacêuticos.

Voltado sobretudo para alimentos, o envolvimento Saran da Dow é uma marca comumente usada para PVdC. Os filmes monocamada Saran podem ser dispostos em classes, com várias propriedades de barreiras, de adesão, de encolhimento e de cores.

Os filmes Saran podem ser usados de diversas maneiras:

- Para envolver itens como queijo, produtos de padaria, marzipã, carnes processadas e outros alimentos.
- Nas mais sofisticadas aplicações de embalagem, eles podem ser vincados a quente e selados por meio de um equipamento de selagem de radiofrequência em máquinas do tipo *form-fill-seal* (FFS).
- Na forma tubular, para a produção de sacolas de baixo encolhimento ou para a produção de salsicha.
- Como parte de estruturas laminadas de embalagens ou de estruturas proteladoras de vapor d'água na indústria de construção.

O PVdC Saran tem uma composição molecular única, que confere ao filme propriedades de alta barreira, desempenho confiável e custo competitivo para a embalagem de carnes e peixes. Ele também possui uma boa barreira à umidade, mantendo frescos e crocantes biscoitos, cereais e produtos de padaria.

A Dow declarou que seu PVdC tem características superiores de barreira a EVOH, pois alcança o desempenho desejado em condições de temperatura e umidade normais, não na relativa umidade zero dos ambientes em que o EVOH é comumente testado.

Alguns desenvolvimentos de polímeros

A indústria de embalagem flexível está preparada para capitalizar sobre novas tecnologias. Ela também se beneficiará de novas especialidades de copolímeros e terpolímeros de PP, incluindo sistemas de resina grafitizadas, que tornam possível produzir famílias de PP tanto de engenharia como elastoméricas. Muitas novas tecnologias resultam de catalisadores Ziegler-Natta (Z-N) aperfeiçoados ou de catalisadores metalocênicos (sítio único).

Enquanto grandes produtores como Basell, BP, ExxonMobil e Dow lideram o desenvolvimento de novas tecnologias, a indústria de PP retém tecnologias de produto subdesenvolvidas com vantagens de custo/desempenho. O acesso às novas tecnologias desempenhará apreciável papel na rentabilidade de longo prazo dos produtores.

Embora PP ofereça vantagem de desempenho e custo sobre outros materiais, seus desenvolvimentos são dirigidos a aplicações. O desenvolvimento, a diversificação e a substituição de aplicações já existentes em outros plásticos e materiais têm sido e continuarão a ser uma linha vital para os produtores de PP. Além dos benefícios econômicos derivados das consolidações/fusões, um melhor acesso à tecnologia ampliará a gama de produtos de alto valor agregado oferecidos pelos maiores *players*.

Polímeros metalocenos

A tecnologia de catalisadores de metalocenos está revolucionando a indústria de poliolefinas, particularmente os mercados de PE e PP. Alguns citam esses catalisadores como o mais importante desenvolvimento na tecnologia catalítica desde a descoberta dos catalisadores Ziegler-Natta. Esse otimismo se reflete nos esforços de P&D dos grandes produtores de poliolefinas, que, de acordo com algumas estimativas, gastam cerca de 75% de seu esforço total de pesquisa de poliolefinas em metalocenos, e apenas os 25% restantes são gastos no melhoramento efetivo de tecnologias convencionais.

Poliolefinas de metalocenos são projetadas para penetrar em muitos mercados de polímeros. Primeiro, os mercados de especialidades de mais alto preço, seguidos pelos mercados de alto volume e de *commodity*. Há também a expectativa de serem criados novos mercados por meio do desenvolvimento de novas classes de polímeros, o que não foi possível com as tecnologias convencionais Ziegler-Natta.

PEBD convencional abarca 55% dos polímeros processados pelos extrusores europeus de filme. Mas um estudo da AMI mostra que polietilenos metalocenos e de baixa densidade linear (mPE) crescem continuamente. Eles detinham 28% dos filmes em 2000.

A principal razão para o crescente interesse nessa nova tecnologia é que metalocenos oferecem algumas vantagens significativas de processo e produzem polímeros com propriedades

Figura **2-2**
A evolução dos catalisadores metalocênicos para poliolefinas

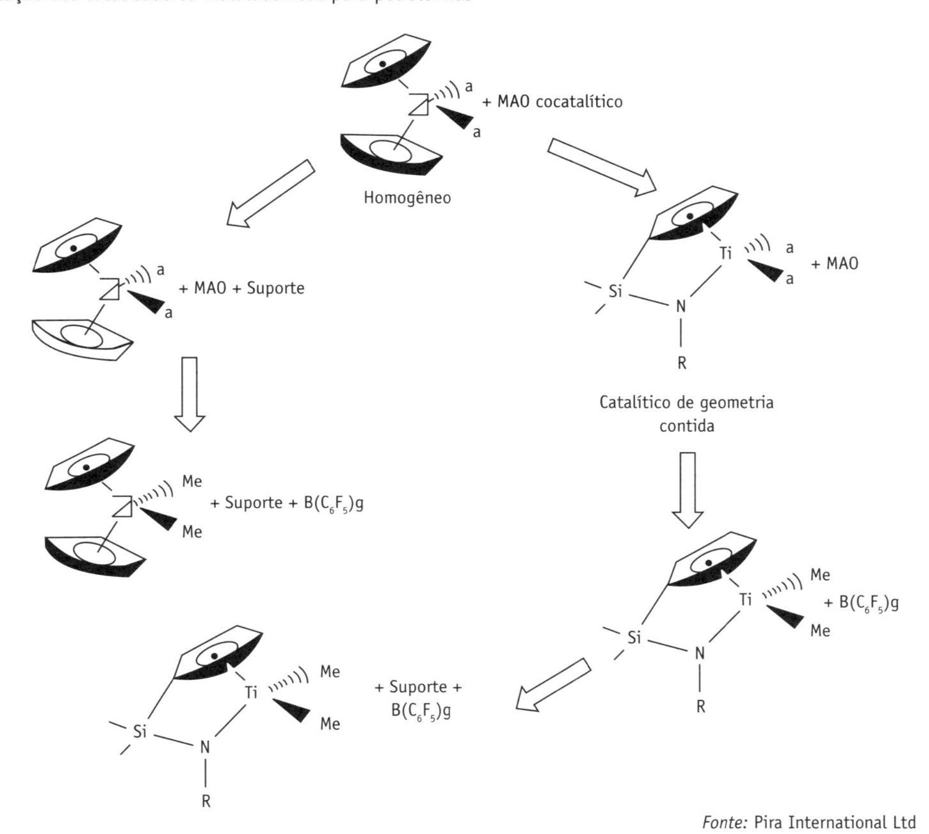

Fonte: Pira International Ltd

Diferenças entre os catalisadores Ziegler-Natta e os metalocenos

Catalisadores Ziegler-Natta:

- A presença de diversos metais impõe um menor controle sobre as ramificações do polímero.
- Ocorre inserção monomérica no final da cadeia em crescimento.
- A alteração do centro metalítico é ineficiente.

Metalocenos:

- Metal único permite maior controle sobre a ramificação e a distribuição do peso molecular.
- Inserção de monômeros entre o metal e a cadeia de polímero em crescimento.
- Versatilidade com inúmeras variações.

favoráveis. Metalocenos são uma classe relativamente antiga de complexos organometálicos, com o ferroceno sendo o primeiro a ser descoberto, em 1951.

Com o tempo, o termo metaloceno foi usado para descrever um complexo com metal inserido entre ligas eta5-ciclopentadienil (Cp). Desde a descoberta do ferroceno, um grande número de metalocenos foi preparado e o termo evoluiu para compreender uma variedade de estruturas organometálicas, incluindo os anéis Cp substituídos, as estruturas curvadas de sanduíche e os complexos de meio-sanduíche ou mono-Cp.

As estruturas sanduíche são conhecidas há décadas, mas não foram consideradas práticas como catalisadores. Em seguida, em meados dos anos 1980, os professores alemães Walter Kaminsky, da Universidade de Hamburgo, e Hans H. Brintzinger, da Universidade de Konstanz, demonstraram que metalocenos tinham potencial industrial. A partir daí, a pesquisa foi focada na modificação, no melhoramento e na extensão dessa família catalítica.

Os polímeros de metalocenos tendem a ter os seguintes atributos: superior tenacidade e resistência ao impacto; melhores características de fusão, em razão do controle sobre a estrutura molecular; e melhor transparência em filmes. A maioria das primeiras aplicações ocorreu em mercados de especialidades, em que polímeros de valor agregado e de preços elevados são competitivos.

Com o desenvolvimento da tecnologia e os custos decrescentes dos sistemas catalíticos, os polímeros de metalocenos têm a expectativa de competir no mercado mais amplo de plásticos.

A Exxon Chemical e a Dow Plastics lideram a indústria de plásticos na era dos metalocenos. A competição vem de outros produtores de plásticos que refinam tecnologias para aumentar a produtividade, reduzir custos e criar estatutos de propriedade intelectual.

A Exxon primeiro produziu polímeros de metalocenos com seus catalisadores Exxpol, em 1991. Ela comercializa cerca de 30 tipos de copolímeros etileno-buteno e etileno-hexeno com o nome comercial Exact. Em abril de 2002, a Exxon Mobil Chemical Company e a Mitsui Engineering and Shipbuilding, Inc. começaram a expandir sua fábrica de produção de elastômero de etileno metaloceno em Baton Rouge, Louisiana. As instalações, com a expectativa de entrar em operação no quarto trimestre de 2003, adicionariam capacidade de mais de 90.000 toneladas ao ano.

A expansão de capacidade incluirá EPDM (elastômero de etileno-propileno-dieno), plastômeros e novos polímeros, todos produzidos com a tecnologia metaloceno Exxpol. A Exxon acredita que utilizando tecnologia catalítica, tanto convencional Ziegler-Natta como metalocênica, terá a possibilidade de suprir seus consumidores com uma ampla gama de produtos atuais e novos.

A Dow usa sua tecnologia, lançada em 1993, para fazer copolímeros de etileno-octeno. Copolímeros acima de 20% (em peso) de octeno são vendidos como "plastômeros" Affinity e competem com polímeros de especialidade em embalagem, aparelhagens médicas e em outras aplicações. A Dow diz que seus catalisadores permitem a introdução uniforme de comonômeros e ramificações de longas cadeias que melhoram a processabilidade em polímeros lineares.

Com um conteúdo de octeno de mais de 20%, os copolímeros encaixam-se na categoria dos elastômeros e são vendidos com o nome de Engage desde 1994.

Em Freeport, Texas, a Dow converteu 113.500 toneladas anuais de capacidade em processo de solução, que anteriormente produzia seu Dowlex PE, para desenvolver polímeros de metalocenos. Em 2001, como resultado de uma fusão com a Union Carbide Corporation, a Dow concordou em dividir com a BP Chemicals Limited seus interesses em tecnologia, desenvolvida no curso de seu programa conjunto de desenvolvimento entre 1995 e 1999; a Dow também dividiu um programa de pesquisa com a BP e a Chevron Phillips Company L.P. entre 1988 e 2001.

Cada um desses programas foi dirigido ao desenvolvimento de catalisadores metalocenos para o PE fase gás. A Dow também fez acordo para dividir com a BP suas patentes e outros acervos relacionados aos processos de PE fase gás, usando catalisadores metalocenos e uma licença concedida à Chevron Phillips.

Implicações nas embalagens flexíveis

A nova criação de catalisadores metalocenos introduz uma nova era de plásticos *commodity* customizados. A tecnologia de metalocenos finalmente alcançou massa crítica em 2001, quando contou com mais de 1 milhão de toneladas de plásticos vendidas nesse ano.

Poucos materiais podem combinar a versatilidade e a economia de modernos PE e PP, que são os plásticos mais vendidos. Quer em frascos, filmes plásticos, quer em produtos medicinais, os dois polímeros – coletivamente conhecidos como poliolefinas – têm provado ser materiais de proa desde os anos 1960.

Apesar de tudo isso, as poliolefinas ainda deixam muito a desejar. O plástico é, em geral, uma mistura de cadeias e estruturas cujas propriedades são difíceis de prever e demandam muitos compromissos no seu uso. Projetistas e engenheiros aplicam fatores de segurança, tornando seus produtos mais espessos, maiores e menos intrincados, ou acabam usando aditivos especiais, com altos custos, visando as propriedades desejadas.

O metaloceno promete ajustar tudo isso e propor novas propriedades. Os catalisadores agem mais como diminutos robôs moleculares para deixar os químicos controlarem o alinhamento e a estrutura das cadeias de polímeros. Com algumas medidas, os filmes feitos de metalocenos de PEs podem ter duas ou três vezes mais resistência tênsil, cinco vezes mais resistência ao impacto e duas vezes mais resistência ao rasgo que os polímeros tradicionais. Isso significa que usuários podem fazer filmes e componentes mais finos, economizando resina plástica, o que diminui custos de produção.

Frutas e vegetais

A habilidade para produzir polímeros de densidade mais baixa cria filmes elásticos mais leves e flexíveis, capazes de "respirar" oxigênio nas embalagens para frutas e vegetais.

A embalagem de alimentos tradicional é perfurada com finos orifícios para permitir ao alimento respirar e ser estocado por mais tempo, tudo isso a um custo maior e com perda de resistência. A embalagem baseada em metalocenos pode ser perfurada para permitir que o alimento "respire" a uma taxa semelhante à sua "respiração" sem a embalagem, sendo melhor para estocagem e mais resistente. Devido ao baixo conteúdo de catalisador residual em PEs metalocênicos e à estreita distribuição de massas moleculares, o plástico transfere pouco sabor ou aroma ao alimento durante a estocagem.

Inconvenientes de desenvolvimento – processo, custo, patente

Embora a tecnologia fosse bem desenvolvida no fim dos anos 1980 e comercializada nos anos 1990, o mercado para plásticos metalocenos serviu para aplicações de especialidade e de alto valor. Mais importante, talvez, é o fato de licenças da tecnologia terem demorado a acontecer.

Entretanto, o mercado aumentou e o uso de polímeros metalocenos cresceu entre 25% e 30% em anos recentes. No total, o mercado contou com cerca de 1,1 milhão de toneladas de PE e aproximadamente 115.000 toneladas de PP em 2001. Mas esses montantes são pequenos se comparados aos grandes volumes de poliolefinas tradicionais.

Tudo consolidado, os metalocenos contam com pouco mais de 1% do mercado total. Além disso, grande parte desse crescimento é proveniente da canibalização do PE e de seus aditivos. Ainda assim, os produtores de metalocenos veem inúmeras aplicações novas que estimularão a demanda, como a substituição do vidro, poliésteres especiais e até mesmo PVC, outro plástico de grande consumo.

Questões de processamento – Uma série de obstáculos deve ser eliminada. Em primeiro lugar, metalocenos são difíceis de processar em equipamentos existentes devido à sua estreita distribuição de massas moleculares. A distribuição resultante de polímeros estreitos torna a extrusão e todo o processo mais complicados. Filmes transparentes feitos de metalocenos tendem a apresentar fratura do fundido na superfície, tornando-se difícil produzir um filme liso. Assim, várias modificações nos equipamentos de transformação são requeridas para obter suas várias propriedades.

Os produtores de metalocenos dizem que tomaram grandes cuidados para superar tais problemas. Ironicamente, uma das soluções foi adicionar copolímeros específicos ao mix para dar o efeito de distribuições Ziegler-Natta, mas de um modo mais controlado. Outros esforços objetivaram ajustar os processos para operar a mudança no processamento do sistema Ziegler-Natta para metalocenos tão facilmente como trocar um método pelo outro.

Questões de patente – Com todos os bilhões gastos em pesquisa e desenvolvimento, cerca de 3.000 patentes individuais foram realizadas em vários processos e projetos. A maioria dessas patentes foi depositada pela Dow, que desenvolveu seus metalocenos Insite para processos em solução de tecnologias de PE já existentes, e pela Exxon, que comercializou metalocenos para um processo PE fase gás.

Como as empresas químicas objetivaram consolidar o controle sobre propriedade intelectual, produziram uma série de ações judiciais que atolou a indústria em controvérsias que se arrastam por décadas. Dow, Exxon, Mobil, Phillips e outras propuseram mais de dez grandes ações judiciais por patentes nos anos 1990, e uma série delas está em curso nos tribunais ainda hoje. Com milhões gastos em litígios, os fabricantes de plásticos relutaram em licenciar a tecnologia de metalocenos para outros.

Muitas ações finalmente foram resolvidas por fusões de indústrias. Exxon e Mobil se fundiram em 1999 para formar a ExxonMobil e acabaram absorvendo um julgamento contra a Mobil no processo. Nesse ínterim, a Dow Chemical adquiriu a Union Carbide, tornando-se proprietária da Univation, a *joint venture* de licenciamento de metalocenos entre Exxon e Union Carbide (a Dow concordou em transferir suas patentes de metalocenos de fase gás, desenvolvidas com a BP, para a empresa petrolífera britânica a fim de acomodar demandas regulatórias).

Nos últimos cinco anos, dez produtores líderes de poliolefinas desapareceram e, no processo, toda a sua propriedade intelectual tem se agrupado em poucas mãos. Com muitas ações judiciais agora resolvidas, o metaloceno tomou a dianteira, com acordos de licenciamento e aceitação do mercado reforçando o futuro da tecnologia.

A Univation, que licencia a tecnologia EXXPOL da Exxon, e o processo UNIPOL da Union Carbide, tem vislumbrado um negócio rentável ao relicenciar a tecnologia para novas firmas. Empresas como Chevron Phillips e NOVA Chemicals comercializaram suas próprias tecnologias de catalisadores de sítio único e pretendem torná-las disponíveis para licenciamento. Inúmeras outras seguem essa tendência à medida que cresce o interesse do consumidor pela tecnologia metalocênica.

Questões de custo – Usar metalocenos era caro não pelo custo dos próprios catalisadores, mas devido ao gasto com cocatalisadores necessários para ativá-los. O custo do metilalumoxano (MAO) e de outros cocatalisadores usados pôs os metalocenos fora do alcance da maioria dos usuários de plásticos *commodities*. Mas graças aos novos métodos de produção e à queda do custo de cocatalisadores, os metalocenos tornaram-se comercialmente mais viáveis.

Polímeros de metalocenos são superiores aos polímeros tradicionais, mas são vendidos em mercados muito sensíveis ao custo, como aqueles para PEAD e PELBD. Custos de catalisadores e taxas de produção nas fábricas precisam ser equacionados.

Nos anos 1990 havia prêmio de preço sobre as ofertas de PELBD não metalocenos, uma vez que o PELBD de metaloceno tinha melhores propriedades. Mas a atual tendência é que os produtores venham a competir com o PELBD convencional.

A Exxon e a Mitsui Petrochemical do Japão colaboraram para otimizar processos de metalocenos em fase gasosa, enquanto a Mitsui e a Ube Industries "retrofitaram" linhas de produção de PELBD para catalisadores metalocenos. Combinar metalocenos e processos de fase gasosa foi considerado um grande marco, visto que a fase gasosa é padrão de baixo custo da indústria para a fabricação em larga escala e tiraria os metalocenos do mercado. Outras empresas, como BASF, BP Chemicals e Phillips Petroleum usaram metalocenos como catalisadores *drop-in* em processos ultrapassados.

Elevados custos de pesquisa e desenvolvimento levam desenvolvedores de catalisadores de metaloceno PE e de tecnologia de produto a formar *joint ventures*. A *venture* BP Chemicals/Dow/UCC-Exxon é uma delas, mas outras também surgem. Devido aos crescentes custos associados à manutenção de portfólios de patente e declinantes padrões de patenteabilidade, não é mais possível predizer por quanto tempo uma patente é exercível.

O desempenho de preço força competidores a se tornarem parceiros e guiará a substituição de PELBD por materiais derivados de metalocenos. O licenciamento de tecnologia é usado para recuperar os custos das empresas. Licenciamento em novas tecnologias, que permitem alternar a produção para sistemas metalocênicos sem reinstrumentação da fábrica, é um importante trunfo de negócio.

A tecnologia

Há considerável esforço de pesquisa para desenvolver tecnologias de catalisadores metalocênicos para uso na produção de elastômeros etileno-propileno (EPM) e etileno-

-propileno-dieno (EPDM). As atuais tecnologias de catalisadores para a produção de tais elastômeros são baseadas em tecnologias de vanádio. As tecnologias de catalisadores de vanádio atualmente em uso podem proporcionar uma microestrutura de polímero, que já é bastante adequada para elastômeros.

Catalisadores de metalocenos oferecem numerosas vantagens para PELBD, PEAD e PP, como maior atividade, maior estereoespecificidade, outras características de sistema catalítico de sítio único e incorporação de uma ampla variedade e maiores teores de alfa-olefinas. Para EPDM, os catalisadores de metalocenos têm menos para oferecer, uma vez que a estereoespecificidade não é tão relevante e o comportamento de sistemas de sítio único já é adquirido com o uso de tecnologias de vanádio. No entanto, certamente, a possibilidade de melhorar a eficiência de catalisadores, a incorporação de níveis mais altos de propeno e dieno, uma mais vasta variedade de comonômeros e a possibilidade de produção de EPDM a temperaturas mais altas justificam os esforços em andamento para encontrar catalisadores metalocênicos adequados para a produção de EPDM.

Enquanto os metalocenos em geral desenvolvem polímeros com altos níveis de propeno e dieno aleatoriamente inseridos, um dos principais obstáculos é descobrir um catalisador metalocênico que simultaneamente produza polímeros com peso molecular alto o suficiente para conferir propriedades elastoméricas ao EPDM.

Inovações na produção de metalocenos de PE incluem PELBD m-lineares (sistema de sítio único) e resinas produzidas, usando-se processos inovadores de múltiplo reator e novas capacidades de produção sob medida.

Polietileno – O PE é uma formação em ziguezague de átomos de carbono com hidrogênio conectado a cada carbono. Ele não tem ramos laterais, exceto para ramificações de cadeias de PE que formam outras cadeias. As características do PE compreendem excelente tenacidade, boa resistência ao rasgo e perfuração, excelente resistência química, translucência, baixa resistência ao calor e baixo custo em função dos simples processos de produção envolvidos.

O PE com cadeias estritamente lineares é frágil e pouco utilizável, enquanto o PE com ramificações laterais é mais dobradiço, devido a emaranhamentos que podem se formar entre ramos laterais. O catalisador metalocênico é importante na produção de PE porque permite o controle sobre a ramificação lateral. Isso acontece em razão de seu sítio de atividade único encontrado no centro do metal. Catalisadores tradicionais Ziegler-Natta são mais difíceis de controlar porque têm vários sítios de atividade, e os polímeros são produzidos com a adição de monômeros ao final da cadeia.

Polipropileno – PP consiste de monômeros de propeno conectados em três diferentes configurações. O propeno é semelhante ao eteno, exceto pelo fato de um grupo de CH_3 substituir um dos hidrogênios. Monômeros de propeno são combinados do mesmo modo que monômeros de eteno para formar polímeros.

Usando-se os tradicionais processos e catalisadores, o PP era produzido como uma mistura de três configurações, consistindo de aproximadamente 95% de PP isotático, uma pequena porcentagem indesejável de PP atático e um montante menor de PP sindiotático. Avanços nos sistemas catalisadores metalocênicos possibilitaram que a proporção de cada tipo de PP pudesse ser controlada. O controle é conseguido fazendo-se mudanças na estereoquímica do catalisador.

Competição – A produção de polímeros mais limpos, transparentes, brilhantes, com o benefício da distribuição uniforme de tamanhos moleculares, é atribuída aos PPs metalocênicos (mPP). O mPP agora é testado em processos de extrusão de fibras e multifilamentos. O maior empenho para substituir PVC por poliolefinas derivadas de metalocenos está nos setores de embalagens medicinais e de alimentos. Um filme aderente esticável para envolvimento de carnes que oferece permeabilidade ao oxigênio, transparência, resistência à perfuração e bom manuseio com recuperação elástica após manuseio foi desenvolvido pela Exxon por meio da tecnologia Exxpol.

Empresas fornecedoras do setor médico-hospitalar trabalham com produtores PE metalocênico (mPE) a fim de desenvolver produtos adequados para substituir PVC em filmes de embalagens médicas e bolsas cirúrgicas descartáveis. Plastômeros e PEAD são combinados para produzir bolsas cirúrgicas descartáveis, que já estão comercialmente disponíveis desde 2004. Outros usos alternativos ao PVC incluem flexíveis de alta transparência.

Polímeros metalocenos, introduzidos nos anos 1990, foram aclamados como o mais significativo avanço em tecnologia de polímeros desde a comercialização dos PELBD nos anos 1970. O principal uso final de polímeros metalocenos compreende a aplicação em filmes de embalagem.

Filmes de PP e PE modificados por metalocenos são atualmente a fronteira de novos desenvolvimentos, com a expectativa de se achar uma ampla gama de aplicações, em que o filme pode ser feito sob medida para acomodar as necessidades de um determinado produto.

As áreas comercialmente mais viáveis incluem filmes de BOPP e PELBD para embalar:

- frutas, vegetais e saladas frescas;
- alimentos secos, carne e queijo;
- alimentos em linhas de empacotamento automático de alta velocidade.

Embora filmes de metalocenos tenham sido disponibilizados comercialmente nos EUA desde os primeiros anos da década de 1990, eles demoraram a ser disponibilizados em grande escala na Europa. Os investimentos em novas fábricas, durante os últimos dois ou três anos, resultaram em grandes progressos na disponibilidade de filmes de metalocenos no continente europeu.

Outros polímeros

Biopolímeros

Nos anos 1990, os biopolímeros, que são materiais biodegradáveis produzidos a partir de fontes agrícolas, foram cogitados como uma possível substituição aos polímeros de hidrocarbonetos. Eles têm propriedades semelhantes às dos plásticos tradicionais e podem ser processados com técnicas convencionais de produzir filmes, revestimentos, moldagens, recipientes, laminados e folhas. Sua atração é a biodegradabilidade em vários ambientes, como em sistemas de esgoto e aterros, além do fato de poderem ser destinados para a compostagem.

O inconveniente é que esses polímeros são caros e têm pouca aplicação em embalagens de volume; necessitam ser produzidos em escala comercial para competir com polímeros convencionais.

O uso mais amplo de filmes biodegradáveis também pesa na sua inaptidão para se adaptar a quaisquer canais regulares de revalorização.

Policetonas alifáticas

Este material polimérico de alta barreira tem propriedades semelhantes ao EVOH. As policetonas alifáticas são fortes, duras e trabalham bem em altas temperaturas. Os materiais podem ser produzidos com pontos de fusão na faixa de 140 °C a 180 °C.

Os desenvolvimentos são focados em grades para aplicações de engenharia, embalagens e fibras. A baixa permeabilidade a gases desse material, em particular ao oxigênio, oferece potenciais aplicações em embalagem de alimentos longa vida e em outros setores de embalagem, como produtos de uso doméstico, médicos e ligados à indústria farmacêutica.

Polímeros líquido-cristalinos (LCPs)

Embora somente utilizados em aplicações de engenharia no momento atual, foi previsto que os LCPs poderiam ser materiais promissores para embalagens no futuro, em função de suas altas propriedades de barreira, alta resistência e transparência.

Até recentemente, os LCPs não puderam ser feitos em material de filme usável em embalagens, porque as técnicas de extrusão e sopro convencional desenvolveram um produto com baixa resistência a rasgos, cortes e furos (*pinholes*) na direção transversal da máquina.

Trabalhos recentes parecem ter resolvido alguns desses problemas. Em um prazo mais longo, o LCP poderia ser usado em estruturas coextrudadas com termoplásticos para uso em embalagens de alta barreira.

Embora os LCPs sejam caros, espera-se que seus preços caiam, o que poderá torná-los competitivos em aplicações, por exemplo, de bolsas plásticas retornáveis de alimentos, bem como em bandejas de micro-ondas e tampas. Há também o potencial de usar 90% PET/10% LCP para explorar as propriedades de alta barreira e resistência mecânica dos LCPs, produzindo um material competitivo para o mercado e com propriedades superiores ao PET convencional.

Em teoria, isso pode oferecer a possibilidade de produzir filmes de 2 mícrons de espessura e resistência constante, mas com propriedades de barreira comparáveis ao PET de 20 mícrons.

3

filmes

Muito do crescimento em embalagem flexível é atribuído ao aumento do uso de filmes e à manufatura de melhores resinas que produzem filmes com uma ampla gama de aplicações, diferentemente do que aconteceria em épocas anteriores.

A indústria de filmes testemunha um crescimento na popularidade de filmes plásticos orientados, que agora são usados extensivamente em embalagens flexíveis. Filmes de polipropileno (PP) biorientados são o maior segmento do mercado de filme orientado, com consumo global de mais de 2,24 milhões de toneladas em 2002.

A tecnologia de orientação é usada extensivamente no processamento de plásticos para virtualmente melhorar todas as fibras plásticas no mercado atual. Usuários finais de filmes e fibras podem não ter consciência do uso da orientação, mas os produtos de fibra e filme que eles usam são significativamente melhorados por essa tecnologia. A resistência tênsil, a tenacidade e as propriedades de barreira são apenas algumas das muitas propriedades melhoradas – de três a quatro vezes mais – se comparadas às de seus equivalentes não orientados.

Um outro benefício da orientação é que ela pode criar características de encolhimento em filmes. As moléculas de filme plástico, se esticadas na correta temperatura, reterão uma memória para retornar à sua forma original. Logo, filmes orientados na correta temperatura refluirão à sua forma original quando reaquecidos.

Uma variedade de resinas plásticas pode ser processada ou orientada para criar um filme encolhível. Resinas de PVC, poliéster, PP e de polietileno (PE) são muito populares, usadas como matéria-prima para filmes orientados e processadas para formar filmes encolhíveis. Entretanto, cada família de resinas e seus resultantes filmes encolhíveis têm suas próprias exigências de processamento, suas próprias características e seu próprio nicho de mercado.

O poli(cloreto de vinila) – PVC – orientado é uma escolha popular para películas/lacres de segurança *(security sleeves)*, que encolhem ao redor do fechamento de frascos para produtos do mundo inteiro. O PP orientado é um filme encolhível bastante popular para produtos de consumo em que mais baixos níveis de encolhimento são requeridos. O PE é usado como um filme encolhível de empacotamento, cujo custo é visto como um fator importante.

Tipos e processos de manufatura de filmes

No processo de filme soprado, grânulos (*pellets*) de resina são fundidos e forçados por uma ferramenta anular. O ar frio é soprado no interior do filme fundido, formando uma bolha. A espessura da parede da bolha pode chegar à espessura mínima de 0,011 cm, e deve ser mantida sob rígidas tolerâncias. A bolha esfria à medida que percorre a torre de resfriamento. No caminho para baixo, a bolha é colapsada e cortada em dois filmes. Finalmente, os tecidos são aparados ("refilados") no tamanho e enrolados em carretéis para formar os rolos de filme esticável que são vendidos aos consumidores.

A manufatura por matriz plana é diferente. Depois que os grânulos de resina de plástico são misturados e fundidos, o plástico fundido é extrudado através de uma longa e precisa ferramenta plana sobre um cilindro rotativo. Esse cilindro tem uma superfície de aço inoxidável altamente polida e é percorrido por um líquido resfriado para mantê-lo em torno de 60 °C. A superfície do cilindro dá ao filme plano sua aparência lisa e transparente. Depois que o filme se solidifica no cilindro, ele é aparado ("refilado") e, em seguida, embobinado.

Filmes *cast* (planos)

O filme plano é um substrato fino, não orientado, transparente, flexível e com boa resistência ao impacto e ao rasgo. Em razão do imenso número de polímeros e da combinação destes, os quais podem ser moldados, propriedades adaptam-se de modo a preencher quase toda e qualquer necessidade de embalagem, incluindo desempenho de alta barreira contra gases e vapor d'água. As principais aplicações para filmes planos são embalagens alimentícias, têxteis, filme esticável de *pallet*, embalagem aderente,* embalagem de produtos de papelaria e médicos.

O processo de filmes planos envolve a extrusão do polímero fundido por meio de uma matriz plana para formar uma fina lâmina ou filme fundido. Esse filme é "colado" à superfície de um rolo resfriado (normalmente resfriado a água e cromado) por uma rajada de ar expelido pela faca de ar ou caixa de vácuo. O filme sofre um imediato choque térmico que causa sua solidificação e, em seguida, tem suas bordas "refiladas" (cortadas) antes do embobinamento.

Devido a essa troca de calor mais eficiente, o filme plano tende a possuir propriedades óticas superiores às de um filme soprado e pode ser produzido em velocidades mais rápidas de linha. Entretanto, ele tem a desvantagem de gerar perdas em razão do corte das bordas e da pequena orientação na direção transversal.

Filmes planos são usados em grande variedade de aplicações, incluindo filmes esticáveis/aderentes, filmes de cuidado pessoal, de produtos de padaria, e filmes de alta transparência.

---

* N.T.: Embalagem aderente é o nome que foi utilizado para descrever aquele filme aderente e esticável usado para embalar e proteger alimentos, muito conhecido no Brasil pela marca Magipack.

A coextrusão é também uma crescente tecnologia de processo, e pode proporcionar propriedades adicionais funcionais, protetoras e decorativas.

Filmes soprados

A moldagem desse tipo de filme usa um jato de ar para soprar o polímero plastificado em um filme soprado de seção transversal circular. Uma vez que o plástico tenha sido soprado, roladores o aplainam em folha de filme duplo para, então, automaticamente cortá-lo na medida correta.

O processo todo é muito eficiente, porque pouco polímero é necessário para produzir grandes quantidades de filme. Filmes soprados normalmente são produzidos a partir de termoplásticos.

O sopro de filmes é um dos principais processos usados na fabricação desse material. Filmes são tipicamente definidos como películas de espessuras menores que 10 mils (0,254 mm), embora filmes soprados com espessura de 20 mils (0,5 mm) possam ser produzidos. O processo de sopro de filmes é usado para proporcionar uma ampla variedade de produtos, desde filmes simples em monocamadas (para sacolas) até estruturas em multicamadas muito complexas, usadas em embalagens alimentícias.

O sistema de fornecimento de material combina polímero virgem com material reciclado de corte de borda ou filme de refugo. O material reciclado pode ser filme em fragmentos de material compactado ou repeletizado. O material virgem pode ser composto de um ou mais polímeros. Vários aditivos, como deslizantes, antibloqueio ou pigmentos, também podem ser mesclados na alimentação da extrusora. A alimentação e a produtividade podem ser monitoradas por células de carga gravimétricas, que controlam a velocidade do parafuso do extrusor ou a velocidade dos puxadores para manter constante a espessura do filme.

A extrusora é o coração do processo do filme soprado. Ela consiste de motor, caixa de engrenagem, barril com zonas de aquecimento/resfriamento e um parafuso rotativo (ou rosca). Esse mecanismo transporta, funde o polímero e, em seguida, cria uma pressão suficiente para empurrar o polímero fundido.

A ferramenta ou matriz do filme contorna o polímero fundido a partir da extrusora para uma forma anular. Ela é destinada a proporcionar uma velocidade uniforme do polímero em torno da circunferência da saída da matriz.

Depois de o polímero fundido deixar a matriz, ele atinge suas dimensões finais e é resfriado. Em seguida, ele é esticado pela expansão da bolha, usando a pressão de ar aprisionado lá dentro. O filme é estirado com os rolos puxadores, reduzindo-se o filme à espessura desejada. O ar é ejetado por meio de um anel de ar na superfície externa da bolha para resfriar o balão de polímero fundido.

Quando o polímero fundido é solidificado, o balão é estabilizado e colapsado em uma moldura abaixo dos rolos puxadores.

Após o colapso do balão, o qual forma o filme, qualquer um dos vários processos auxiliares pode ser executado: por exemplo, tratamento, corte, selagem ou impressão.

O filme acabado pode ser embobinado para posterior processamento ou alimentado em uma máquina de corte e solda, e convertido em sacolas.

Filmes em multicamadas (alta barreira)

Uma estrutura multicamadas (MLS), quer laminada quer coextrudada, é necessária para fornecer embalagens flexíveis com propriedades tanto de resistência quanto de barreira. Algumas dessas estruturas multicamadas, mesmo aquelas voltadas para produtos aparentemente simples, como salgadinhos, podem ter sete ou mais diferentes camadas plásticas, cada uma executando funções de barreira estruturais ou adesivas.

Houve um significativo crescimento das embalagens plásticas de barreira desde a descoberta e o desenvolvimento da primeira resina sintética de barreira, o poli(cloreto de vinilideno) (PVdC ou a marca Saran R da Dow Chemical), nos anos 1950 e 1960. A comercialização do etileno e álcool vinílico (EVOH) veio mais tarde, nos anos 1970.

O desenvolvimento da tecnologia de coextrusão possibilitou a eficiente manufatura de estruturas plásticas em multicamadas em uma vasta gama de espessuras em apenas um passo. Isso realmente alavancou o crescimento de embalagem de barreira no final da década de 1970 e começo da de 1980. Antes disso, as estruturas ML eram feitas pela laminação de dois filmes, processo mais lento e intrinsecamente menos eficiente. Ainda assim, a laminação continua sendo um importante método de MLS, especialmente para a combinação de resinas que são difíceis de coextrusar.

A barreira polimérica perfeita não existe e provavelmente nunca existirá, uma vez que cada aplicação tem diferentes exigências. Em alguns casos, por exemplo, na embalagem de carne, o filme de PVC, que não é uma boa barreira ao oxigênio, é comumente usado na etapa de exposição da carne em supermercados, uma vez que o contato com o oxigênio mantém a carne vermelha (cor convidativa) durante o curto tempo em que fica na câmara frigorífica. Mas para o transporte ou estocagem de longo prazo da carne, uma boa barreira ao oxigênio é necessária para prevenir que estrague.

Plásticos atuais de embalagem de barreira são bons, mas permanecem os problemas que restringem seu uso ou limitam seu crescimento em muitas aplicações. Tais problemas incluem:

- Alto custo – eles quase sempre são mais caros que uma embalagem plástica simples de monocamada, por exemplo, de PEBD ou PELBD.
- Suscetibilidade à contaminação ou degradação, especialmente pela umidade. O EVOH ilustra melhor esse problema. Seus grupos hidróxilos dão-lhe boas qualidades de barreira, mas também o tornam suscetível à hidrólise. Como resultado, o EVOH só pode ser utilizado como camada interna em MLS (multicamadas).
- Problemas de descarte ou reciclagem. A maioria dos MLS contém mais de um tipo de plástico, de modo que não podem ser facilmente misturados e reciclados, por exemplo, com PEAD ou PET. Muitos recipientes de multicamadas precisam ser classificados ou etiquetados com o número "7" da reciclagem SPI [órgão do Reino Unido], o qual significa "outros" (mistura de materiais).
- Desafios de materiais competitivos, alguns velhos como o vidro, outros novos como os revestimentos de óxido de silício, que podem proporcionar uma barreira superior.

Muitos filmes plásticos de multicamadas usados na indústria de embalagens alimentícias contêm vários filmes termoplásticos para combinar propriedades hidrofóbicas: de barreira e mecânicas. No entanto, filmes em multicamadas só podem ser reciclados se forem adicionados a processos de reciclagem de plásticos misturados *(commingled)*.

A reutilização alternativa desses plásticos pouco interessa. Estudos em andamento visam à possibilidade de reprocessamento de plásticos em multicamadas. Filmes de cinco camadas PEBD/náilon 6 com um conteúdo geral de 71% (em peso) de PEBD, 24% de náilon 6 e 5% de adesivo (um copolímero grafitizado baseado em PE) foram reprocessados com sucesso em condições de mixagem tanto mínimas quanto extensas.

O filme reprocessado minimamente deu melhores resultados do que amostragens misturadas extensivamente e tinha propriedades de barreira a vapor a O_2 e a H_2O na mesma proporção que o filme original.

Filme coextrudado

A coextrusão combina duas ou mais camadas de polímero fundido em uma lâmina ou tubo extrudado compósito, que proporciona propriedades funcionais, protetoras ou decorativas. A introdução de novos polímeros de alto desempenho, o desenvolvimento de nova tecnologia de equipamento de processamento e a emergência de muitas novas aplicações de embalagem resultaram em altas taxas de crescimento em coextrusão.

Para embalagens alimentícias, embalagens medicinais e aplicações gerais de embalagem, o filme plano de barreira coextrudado de três camadas (náilon exposto) ou de cinco camadas (náilon/EVOH embutido), compreendendo uma camada de barreira feita de náilon ou EVOH e camadas externas de PP e/ou PE, pode ser usado. As diferentes camadas são destinadas a dar selamento a quente, impressão e propriedades de barreira para a embalagem final. Esse filme proporciona excelentes propriedades de barreira a oxigênio/gás/aroma/umidade para a embalagem de alimento, o que proporciona vida longa na prateleira. As aplicações incluem carne fresca e cozida, embalagens autoclaváveis (*retort*), embalagens de pães e bolos, queijo, e embalagens de frutas processadas. Esses filmes também são usados em embalagens médicas, por exemplo, para seringas e agulhas.

A maioria dos novos equipamentos instalados para extrusão, tanto para filme soprado como para filme plano, tem capacidade para coextrusão. A mudança para coextrusão está sendo feita porque a tecnologia pode satisfazer uma vasta gama de necessidades de aplicação, incluindo a habilidade para conseguir propriedades de desempenho específicas, reduzir custos, usar poucos processos e diminuir resíduos.

Os avanços na tecnologia de equipamentos de coextrusão, os novos polímeros introduzidos e o desenvolvimento de aplicações de mercado tornaram atrativos os filmes coextrudados. Mas, para tirar vantagem da tecnologia de coextrusão, empresas devem desenvolver as técnicas e o conhecimento necessários para produzir essas estruturas de filme, algumas vezes complexas.

Em anos recentes, houve um aumento no número de polímeros disponíveis para extrusão. Há vários para escolher, com atributos como altas barreiras, taxas selecionadas de permeabilidade, adesão, selantes de alta resistência, selantes de fácil abertura (*easy open/peelable*), selantes de baixa temperatura, selantes de alto *hot-tack*, de alta resistência tênsil, de resistência a impacto e a rasgo, de alto módulo, de resistência a altas temperaturas, de impacto a baixas temperaturas, de alta claridade, de resistência à abrasão, de resistência química, de baixo sabor e odor, de forte adesão, de baixo escorregamento, estabilizados, degradáveis, antiestáticos, *anti-fog*, pigmentados, termoformatáveis etc. Os atributos de desempenho de polímeros continuarão a crescer à medida que novas necessidades de aplicação forem identificadas.

Às vezes, a exigência para propriedades específicas de desempenho não pode ser satisfeita por um polímero individual, ou mesmo por blendas (misturas) de diferentes tipos de polímero extrudados num filme em monocamada. As blendas podem não ser desejáveis se os tipos de polímeros forem incompatíveis. Coextrusão com um polímero de alta resistência pode permitir significativa redução de espessura, enquanto mantém ou melhora propriedades-chave. Polímeros de selamento a quente podem ser incorporados em uma estrutura de filme para melhorar a velocidade ou a eficiência da linha de embalagem.

Coextrusão pode baixar o custo para produzir muitos filmes, reduzindo, assim, o montante de polímero caro usado, aumentando a proporção dos polímeros menos custosos, empregando material reciclado ou diminuindo a espessura do filme. Vantagens competitivas podem ser conseguidas para muitas estruturas de filme coextrudado, abrangendo desde o mercado de alto volume de sacos de lixo até filmes de embalagens alimentícias com barreira de alta tecnologia.

A coextrusão pode reduzir o número de operações de processo requeridas quando diversos polímeros são necessários para obter as propriedades desejadas. Combinar operações em um único processo com mais etapas proporciona mais espaço para outros equipamentos e gera menos perdas. A coextrusão também pode eliminar o uso de adesivos em solvente, o que pode proporcionar algumas economias de custo em matéria-prima. Com crescentes regulamentos que regem o uso e o descarte de solventes, o custo de incineração ou de recuperação pode ser alto. Eliminar o uso de solventes pode auxiliar na redução desses custos.

Além disso, ela permite que as aparas venham a ser recicladas em uma camada intermediária da estrutura. O crescente desejo de reduzir resíduos e usar materiais reciclados faz da coextrusão uma opção cada vez mais atrativa.

Filme laminado

Plásticos flexíveis podem ser usados com outros materiais. Esta é uma importante área de aplicação, porque proporciona melhores propriedades, como desempenho de barreira.

Na embalagem a vácuo, os filmes de PP orientado (OPP) laminados com PE são usados para adquirir um vácuo, porque o filme OPP é mais resistente à permeação de gases e efetivo em manter altos teores de dióxido de carbono e baixos níveis de oxigênio dentro das embalagens, bem como o sabor dos produtos. Tal filme em multicamadas é considerado um filme de embalagem ativa, pois as concentrações de gás dentro das embalagens alcançam os níveis desejáveis em um curto espaço de tempo depois da selagem. A altas temperaturas, entretanto, embalagens de filme laminado OPP tornam-se soltas e infladas.

Como as regulamentações governamentais para reduzir emissões de compostos orgânicos voláteis (VOC) tornam-se cada vez mais restritivas, transformadores de laminação de filme estão diante de várias opções para torná-los aptos a cumprir as novas leis.

Adesivos de primeira geração – Os primeiros adesivos laminados sem solventes desenvolvidos foram produtos de poliuretano curáveis por umidade. Esses adesivos são feitos de prepolímeros de isocianatos, produto resultante de uma reação entre poliol e isocianato excedente. Os prepolímeros possuem grande viscosidade, o que fornece excelente resistência de ligação, mas requerem uma temperatura de aplicação que vai de 90 °C a 100 °C. O adesivo é revestido no filme primário e a umidade atmosférica reage com os grupos isocianatos excedentes para curar (reticular) o adesivo depois de o filme secundário ter sido acoplado ao filme primário; o corte pode ser feito usualmente após 24 a 72 horas.

Mecanismo de cura de primeira geração:

$R\text{-}NCO + H_2O = R\text{-}NH_2 + CO_2$

$R\text{-}NH_2 + R'\text{-}NCO = R\text{-}NHCOHN\text{-}R'$

Os problemas encontrados no uso de adesivos de primeira geração são bolhas na laminação, uma aparência nublada em filmes transparentes e inconsistência da taxa de cura. As bolhas são produzidas pelo subproduto da reação de cura, o dióxido de carbono, e podem ficar aprisonadas quando filmes de alta barreira são laminados. O teor de umidade atmosférica que entra em contato com o adesivo durante o revestimento pode levar a uma aparência nublada. Frequentemente, a umidade é aplicada ao filme primário por aspersão, acelerando a taxa de cura. Esse procedimento aumenta, porém, o grau de opacidade do filme. Essa aparência nublada é facilmente vista em laminações transparentes e nas áreas de janela de embalagens transparentes de estruturas impressas.

Adesivos de segunda geração – O próximo grande avanço em adesivos de laminação sem solventes foi o desenvolvimento de adesivos de poliuretano bicomponentes, constituídos de um prepolímero de poliuretano e de um poliol, ambos de baixa viscosidade. Os componentes são misturados à temperatura ambiente em uma unidade de dosagem e mistura, e bombeados para dentro da estação de revestimento do laminador por meio de um misturador estático em linha. A unidade de dosagem e mistura, o misturador estático, assegura que a correta proporção de componentes esteja presente e completamente misturada para promover uma taxa de cura consistente.

Mecanismo de cura de segunda geração:

$R\text{-}NCO + HO\text{-}R' = R\text{-}NHCOO\text{-}R'$

Os problemas encontrados no uso de adesivos de segunda geração foram baixa adesividade inicial e presença de altos teores de monômero residual. A baixa adesividade inicial é resultado da baixa viscosidade dos dois componentes adesivos, o que significa que controles mais rigorosos do laminador são necessários para prevenir laminações contra tunelamento *(tunnelling)* antes de o adesivo ter a chance de curar. A fissura da laminação só pode ter lugar depois de 12 a 48 horas de tempo de cura. O alto residual de monômero isocianato causa um fenômeno conhecido como antisselagem. Isso ocorre quando monômero isocianato migra por meio de um filme selante flexível, como PE, e reage com a umidade atmosférica. Essa reação cria uma camada de poliureia muito dura e termicamente estável que pode tornar o laminado inselável. Além desses problemas de antisselagem, há possíveis riscos à saúde em razão da exposição do trabalhador ao alto residual do monômero. Finalmente, a presença de monômero isocianato requer relatório e documentação da Environmental Protection Agency (EPA), o que pode ser perda de tempo para qualquer transformador de laminação.

Para equacionar os problemas associados ao o uso de adesivos sem solventes da primeira e segunda gerações, foram desenvolvidos sistemas de adesivos de terceira geração com poliuretano bicomponente, consistente taxa de cura, baixo monômero residual e melhor adesividade inicial.

Adesivos de terceira geração – Adesivos típicos de terceira geração são baseados em polímeros de poliuretano de moderada viscosidade e precisam de temperatura de aplicação em torno de 50 °C a 70 °C. A melhor viscosidade da terceira geração *versus* a segunda requer tempo de cura de 12 a 24 horas, antes do corte. Adesivos de terceira geração são feitos com o emprego de um processo que remove aproximadamente todo o monômero de isocianato excedente do componente do prepolímero, o que resulta consistentemente em um sistema adesivo mesclado com menos de 0,08% de isocianato livre. O baixo residual do monômero isocianato elimina a questão da antisselagem, as questões relacionadas aos malefícios à saúde pela exposição do trabalhador ao monômero isocianato e a documentação regulatória associada aos isocianatos.

Mecanismo de cura da terceira geração:

R-NCO + HO-R' = R-NHCOO-R'

A maioria dos laminadores sem solventes nos EUA aplica, de fato, o sistema adesivo de segunda geração. As unidades de dosagem e mistura geralmente não são equipadas com dispositivos de aquecimento. Para o conversor de laminação começar a usar adesivo de terceira geração, é necessário um dispêndio de capital para equipar a unidade de dosagem e mistura com dispositivos de aquecimento. Esse gasto de capital pode, muitas vezes, atrasar a conversão para um adesivo de terceira geração ou simplesmente desencorajar um conversor de mudar para um sistema de terceira geração.

Para superar esse inconveniente e minimizar os gastos com equipamentos associados ao uso do sistema adesivo de terceira geração, um adesivo dessa categoria foi desenvolvido para ser bombeado e misturado à temperatura ambiente por meio de unidades de dosagem e mistura atuais usadas para produtos de segunda geração. Tal sistema concede aos conversores de laminação os muitos benefícios do uso de adesivos de segunda geração, sem a necessidade de investir em atualizações caras de equipamentos de dosagem e mistura.

Filme metalizado

Metalização envolve a aplicação de uma fina camada de alumínio em um substrato de filme. O processo tem lugar dentro de uma câmara, em que o alumínio aquecido é evaporado em um filme enquanto é desbobinado e, em seguida, embobinado em alta velocidade no vácuo. O filme resultante é não só visualmente mais atrativo, mas também consideravelmente mais resistente à transmissão de oxigênio e vapor d'água.

Usados sobretudo na indústria de embalagem, os filmes metalizados podem ser utilizados simplesmente para propósitos decorativos ou como vedante para prevenir a absorção de umidade pelo papelão. Eles também podem ser usados na laminação de papelão para embalar pescados e no tampamento de cartonagens para a mesma aplicação. Filmes metalizados podem ser sobreimpressos com tinta lavável para dar o efeito de cartolina laminada colorida – em qualquer cor.

Além disso, são usados em uma variedade de aplicações de embalagem de produtos alimentícios, em que propriedades, quer de alta barreira, quer de visual atrativo, são exigidas. Alguns exemplos são: embalagem corrugada (BOPP), envoltório de pão (PE) e doces (CPP). O processo é usado também para metalizar BOPET para capacitores.

Filmes de poliéster metalizados estão entre os mais amplamente usados no mundo. Há uma grande demanda por suas propriedades lustrosas e são usados em aplicações altamente diversificadas, desde embalagem industrial até decorativa.

A UCB Films produz uma gama de filmes metalizados, incluindo Propafoil™ RVG, um filme metalizado de alto brilho, que é fornecido em uma gama de espessuras para uso em laminação ou como monoestrutura para produtos que exigem ser esteticamente superiores quando dispostos na prateleira.

Outro exemplo é o Propafoil™ RMC, que tem revestimento acrílico de baixa temperatura inicial de selagem, o que proporciona excelente barreira ao oxigênio para embalagens de biscoitos. O RMC também pode ser usado como estrutura simples ou laminado. O desenvolvimento desses filmes reflete o crescente uso de filmes metalizados nas embalagens de confeitos e biscoitos. A UCB Films trabalha com embaladores de confeitos para assegurar que recursos de pesquisa e desenvolvimento sejam concentrados nas áreas de maior importância para eles.

Filmes inteligentes

Os filmes inteligentes ou "espertos" são uma variedade de especialidades da engenharia para suprir as exigências do mercado no setor de embalagem, em que o desempenho dos filmes-padrão não é considerado suficientemente bom.

Patentes estão sendo apresentadas nos EUA a respeito de filme desenvolvido para proporcionar permeabilidade ao oxigênio variável com a temperatura. Esse filme extrudado poderia ter importantes implicações em embalagem de alimentos de alta respiração, como frutas frescas. Além disso, trabalha por meio da expansão diferencial de duas camadas de filme.

O filme é cindido com um padrão de pequenas incisões em formato de U, que espiralam a certas temperaturas para permitir ao produto uma maior respiração.

Outra tecnologia mais sofisticada produz um filme em que a permeabilidade do polímero é modificada no nível molecular por mudanças na temperatura. Os transformadores de filmes oferecem também filmes microperfurados de alta permeabilidade a gás que permitirão ao produto respirar, ajudando a estender sua vida de prateleira.

As empresas de alimentos também testam o potencial desses filmes na detecção de bactérias. Tais testes poderiam então ser incorporados às embalagens de alimentos. Um possível esquema de investigação é para filme envolvente com um indicador que muda de cor quando certas bactérias, como a E-coli, estão presentes.

Poliestirenos orientados (OPS)

Os filmes OPS atualmente começam a ser usados em películas termoencolhíveis decorativas e em selos de segurança para gargalos de frascos de bebidas. O filme de OPS é também usado como membrana de tampamento, possibilitando a fabricação de tubo e selo de vedação no mesmo material, para uma reciclagem mais fácil. Mas o consenso é que eles têm pouca probabilidade de fazer rápido progresso em relação aos materiais atuais usados para essas aplicações.

Filmes para micro-ondas

Os fabricantes de alimentos dedicam muitos esforços para o desenvolvimento de pratos (refeições) prontos para micro-ondas, como carnes, sopas e molhos. Os resultados têm sido variados e alguns alimentos, como pizzas de micro-ondas, provocam desapontamentos. Alguns problemas incluem cozimento irregular e acúmulo de umidade nos pacotes dos produtos, o que faz com que o alimento fique encharcado.

Transformadores estão atentos para administrar alguns desses problemas, desenvolvendo filmes especiais para micro-ondas e recipientes rígidos. Alguns desses filmes absorvem os óleos ou a umidade produzidos durante o aquecimento. Os materiais são manufaturados com uma combinação de celulose (polpa de papel) e PP não tecido, que aprisiona a umidade em "bolsas".

Mas essas tecnologias são relativamente caras, e como a embalagem é muitas vezes de construção multimaterial, pode contrariar iniciativas ambientais para minimizar embalagens. Não obstante, elas provavelmente terão aceitação no Norte da Europa, onde há alta penetração doméstica de micro-ondas e vasto consumo de refeições prontas, como pizzas.

Filmes comestíveis e solúveis

A tendência em direção à minimização de embalagem e materiais de embalagem individual poderia, de acordo com previsões da Pira, resultar em demanda por filmes comestíveis e solúveis em água em poucos anos. Esses materiais são particularmente adequados para aplicações em que o envolvimento plástico é usado, como pizzas cobertas com termoencolhíveis e refeições prontas congeladas.

Filmes comestíveis, como aqueles de celulose, têm circulado por algum tempo, apesar de não poderem ser usados como barreira à umidade, porque são completamente solúveis.

Novos materiais de glúten produzido a partir do trigo não quebram quando entram em contato com a umidade em temperaturas normais. O material tem solubilidade em altas temperaturas, o que resulta em sua fusão quando aquecido em micro-ondas. Filmes solúveis estão também sendo usados em aplicações não alimentícias.

Redução de espessura

Redução de consumo de materiais por meio da redução de espessuras de parede tem sido a resposta-chave para a necessidade atual de maximizar a eficiência do custo das embalagens, ao mesmo tempo que se mantém o desempenho funcional por meio da cadeia de suprimento.

Alguns exemplos são: nas linhas de embalagem, obtenção de velocidades mais altas de enchimento e resíduos reduzidos; na distribuição, o uso de materiais mais leves; e para o consumidor, melhor proteção ao produto, frescor mais prolongado e redução de resíduos.

O desenvolvimento foi particularmente evidente nas camadas de barreira de laminados (geralmente os materiais mais caros). Hoje, o papel-alumínio é usado a uma espessura de cerca de 6 mícrons, em comparação aos 7, 9 ou mesmo 12 mícrons de poucos anos atrás. As camadas de EVOH em laminados extrudados também tiveram a calibragem baixada de 5 a 10 mícrons de alguns anos atrás para 2 mícrons ou menos hoje.

Esses melhoramentos tornaram-se possíveis por meio do desenvolvimento do processo por produtores de filme, papel-alumínio e resina, assim como por convertedores de embalagem flexível, permitindo um melhor controle de tensão do tecido e ainda mais de distribuição de camada em coextrusão de filme. As propriedades de barreira de filmes metalizados também progrediram significativamente. Isso se consegue em razão de uma melhor adesão ao substrato-base, o que permite que o desempenho de barreira seja mantido ao longo de toda a conversão, embalamento e distribuição.

A European Commission (FAIR Project) está examinando o futuro dos materiais biodegradáveis de filmes de embalagem em aplicações de alta barreira por meio de pesquisa em tecnologia de formação, revestimento e laminação de filme.

O alvo do projeto é produzir filmes de polímeros biodegradáveis – usando recursos renováveis a curto prazo – para aplicações de embalagens flexíveis de média e alta barreiras, os quais, em comparação com os polímeros convencionais em uso atualmente, devem ser:

- Competitivos em termos de funcionalidade.
- Comparáveis em custos integrais para materiais, processamento, uso e administração de rejeitos.
- Compatíveis com estratégias de administração de resíduos biológicos.
- Melhores em termos de impactos ambientais sobre todo o ciclo de vida do produto. Os filmes de celulose são os que têm oferecido boas perspectivas e foram selecionados para o projeto. Mas a celulose sozinha não tem propriedades suficientes de selagem nem de barreira à umidade; posteriores passos de conversão – compatíveis com os objetivos-base de biodegradabilidade e origem de fontes renováveis – são necessários para obter o perfil de funcionalidade essencial para embalagem.

A European Commission espera que seu projeto desenvolva dois grupos de laminados de filme de embalagem biodegradáveis e transparentes – um com propriedades de média barreira e outro com propriedades de alta barreira – baseados em:

- Filmes de celulose com plastificantes de fontes renováveis.
- Camadas adicionais poliméricas de barreira/selagem, provenientes de fontes renováveis, e filmes finos inorgânicos de barreira com suficientes propriedades de barreira a gás e a vapor d'água, também em condições úmidas e com aplicabilidade em equipamentos típicos de embalagem.

4

inovações em **materiais flexíveis**

O crescimento no uso de embalagens flexíveis foi auxiliado em grande medida pelo desenvolvimento de novos e melhores tipos de filmes, que aumentaram a variedade de aplicações. Dado o desenvolvimento de filmes e polímeros de nova geração, no curso dos próximos meses e anos, nós podemos esperar ver um maior uso de filmes com ingredientes ativos, bem como de filmes inteligentes (*smart*), filmes antimicrobianos e filmes baseados em metalocenos.

Desde os anos 1990, a velocidade das linhas operando com metalocenos transformou filmes de embalagem de polipropileno biorientado (BOPP) e polietileno linear de baixa densidade (PELBD) usados no envolvimento de frutas e vegetais frescos, alimentos secos, carne e queijo. Investimentos nessa tecnologia ganharam espaço na Europa e recentemente houve grande incremento na sua disponibilidade.

Houve avanço no uso de embalagens ativas, embalagens inteligentes e embalagens de alta barreira, as quais demandaram novos desenvolvimentos de tecnologias de filme ou adaptações às maneiras como as embalagens flexíveis eram usadas.

É evidente que, com o desenvolvimento de novos polímeros, o uso da embalagem flexível aumentará no futuro, à medida que transformadores e consumidores encontrem maneiras inovadoras de embalar seus produtos.

Embalagem de atmosfera modificada (MAP)

Em anos mais recentes, a indústria de plásticos desenvolveu novas tecnologias de catálise para fabricar resinas usadas em filmes respiráveis para sistemas de embalagem de atmosfera modificada (MAP), conferindo aos processadores mais opções para conservar produtos frescos recém-cortados.

A premissa da MAP é, de fato, simples. Depois que o produto é colhido, ele continua a viver e respirar, consumindo oxigênio e expelindo dióxido de carbono no processo de conversão de glicose e oxigênio em água e dióxido de carbono. A MAP estende a vida na prateleira de produtos recém-cortados, reduzindo sua taxa de respiração e o envelhecimento associado a ela.

Projetar um sistema MAP de sucesso é tarefa um tanto complexa e que envolve múltiplas variáveis. É importante considerar o produto sendo embalado. Alface, espinafre, repolho, por exemplo, todos têm diferentes taxas de respiração e reações. Também são importantes as dimensões da embalagem (volume e área de superfície), o peso do produto em cada recipiente, o controle sobre as condições de estoque e as temperaturas de resfriamento do campo até a mesa.

O sistema MAP devidamente projetado deve reduzir a respiração do produto, mas não a parar completamente. Existe uma linha tênue entre estender devidamente a vida na prateleira e criar uma atmosfera em que o produto se deteriora. Deve-se tomar cuidado para manter oxigênio suficiente na embalagem, permitindo limitada respiração aeróbica. Se pouco ou nenhum oxigênio está presente, a respiração anaeróbica toma lugar, seguida de rápida deterioração. Por essa razão, embalagens de alta barreira, que minimizam a transmissão de oxigênio e de outros gases, não são adequadas para embalagens de produtos agrícolas frescos.

Embalagens com propriedades de barreira seletiva, que proporcionam uma taxa controlada de transmissão de oxigênio (OTR) e controlam efetivamente a concentração de oxigênio dentro da embalagem, são a chave para aplicações bem-sucedidas de MAP.

Enquanto concentrações de oxigênio e dióxido de carbono são importantes, a temperatura pode ser o fator mais importante que determina a taxa de respiração do produto. Quando o produto está estocado à temperatura ambiente, envelhece rapidamente. Por essa razão, muitos produtos são refrigerados a 5 °C ou menos.

Uma vez que as exigências tenham sido determinadas, é importante selecionar uma estrutura de filme que vá ao seu encontro. OTRs, propriedades óticas, temperatura inicial e resistência de *hot-tack* (pega a quente), temperaturas iniciais e resistências de selagem devem ser determinadas. Cada um desses itens deve ser apropriado ao produto. Facilidade de impressão, maquinabilidade e tenacidade também devem ser consideradas.

Historicamente, produtos como copolímeros de etileno e acetato de vinila (EVA) têm sido usados para embalar produtos recém-cortados. O EVA, no entanto, tem desvantagens quando comparado com resinas de plastômeros poliolefínicos (POPs) e de polietileno de ultrabaixa densidade (PEUBD), que proporcionam melhores propriedades óticas, melhor desempenho de selagem, maior resistência do *hot-tack* e taxas de transmissão de vapor d'água (WVTR) muito mais baixas diante de comparáveis OTRs.

POPs são uma nova categoria de material polimérico que achou vasto uso em embalagens de produtos frescos recém-cortados e outras aplicações de alto desempenho. Como oferecem uma combinação única de alta transmissão de oxigênio, WVTR relativamente baixa, excelente desempenho de selagem, excelentes propriedades óticas, baixa transferência de gosto e odor, as POPs são preferidas para usos como camada selante e camadas estruturais de alta OTR em embalagens de produtos frescos recém-cortados.

Uma vez que a seleção do filme tenha sido feita, é importante averiguar se todos os mínimos detalhes exigidos foram atendidos. A espessura selecionada do filme pode ser facilmente fabricada e convertida em linhas de empacotamento automático do tipo FFS (*form-fill-seal*) de alta velocidade? É fácil manufaturá-lo? A concentração de CO_2 na embalagem nunca excede a máxima concentração aceitável? A embalagem obedece aos requerimentos legais para materiais e rotulagem? A embalagem segue as exigências ligadas ao varejo?

Mudanças em hábitos de alimentação no mundo ocidental e, mais recentemente, em partes do mundo em desenvolvimento ajudam a MAP a aumentar seu mercado. Uma área está nas gôndolas de produtos "prontos-para-consumir" (*case-ready*) e de *fast-food*. "Pronto-para-consumir" é o termo normalmente usado para descrever produtos de carne vendidos aos varejistas (açougues), isto é, carne fresca já cortada, embalada e etiquetada. Esse produto é semelhante à carne bovina centralmente processada, ou seja, carne que chega já cortada, mas que é embalada e etiquetada no estoque. Essa carne pode ser embalada em MAP ou a vácuo.

A empresa Convenience Food Systems prevê um bom crescimento na área de refeição pronta fora do Reino Unido (que cresce a 11%), em especial na França (17%), na Espanha (8%) e nos Estados Unidos (12%). O crescimento está também previsto para a Escandávia e a Alemanha, países em que o mercado para frango hermeticamente selado está em ascensão.

Previsões para os próximos cinco anos no mundo industrializado incluem um movimento maior em direção a soluções de refeição rápida, embalagens de porções menores e de conveniência, considerações de cadeia de valor marcante, distribuição de produtos frescos e segurança alimentar. Essas tendências terão benefícios positivos para as MAPs. Nos mercados emergentes, o crescimento será visto em restaurantes *fast-food*, varejo moderno, exportações crescentes e distribuição de congelados.

Haverá crescimento contínuo em embalagem de porção com ascensão em valor de embalagem em torno de 12% ao ano e ascensão na tonelagem embalada ao redor de 3% ao ano.

Exemplos comerciais

Saladas com tomates pré-embaladas – Saladas prontas para comer que incluem tomates em sua composição e têm um tempo maior de vida na prateleira estão à venda nos supermercados do Reino Unido. O produto, da marca "Salad for You", permanece fresco por 12 a 14 dias, usando SunBlush's Maptek Fresh MAP. Essa embalagem neutraliza o processo pelo qual os tomates emitem naturalmente gás eteno, que amarela a alface com o passar do tempo. Como resultado, ingredientes da salada podem ser conservados frescos por mais tempo.

De acordo com a SunBlush, a concepção da embalagem abrange uma estrutura de topo que consiste em um laminado de quatro camadas de filmes semipermeáveis, com uma bandeja plástica termoformada no fundo, com células individuais para cada item da salada.

Usando-se a embalagem Maptek Fresh, de acordo com a SunBlush, os tomates podem ser processados ligeiramente menos maduros do que poderia ser considerado ótimo para consumo, pois continuarão a amadurecer dentro da embalagem. Fatias de tomate cortado, nesse caso, têm uma vida de prateleira de 14 dias a uma temperatura de estocagem de 4 °C a 7 °C. Como o amadurecimento ocorre dentro da embalagem reciclável, de acordo com a SunBlush, os voláteis de sabor não são perdidos, e a textura dos tomates é mantida com pouca deterioração durante o período de estocagem.

Queijo pré-embalado com MAP – O fabricante holandês de queijos Kaptein B. V. melhorou a textura e a aparência de fatias de queijo com MAP usando gás Mapax fornecido pela AGA, empresa de tecnologia de gás. O sistema MAP possibilitou à Kapstein conseguir qualidade superior de produto com apelo ao consumidor e estender a vida de prateleira, mantendo a alta qualidade de seu produto embalado. A Kapstein abastece o mercado holandês com milhões de fatias de queijo anualmente, além de exportar para outros países.

Em comparação com as tecnologias de embalagem a vácuo tradicional, que eliminam o espaço livre ao redor do queijo embalado, o sistema Mapax da AGA é usado para embalar queijo com uma mistura de gás ótima que permite que o aroma e o gosto do queijo se desenvolvam dentro da embalagem. Diferentemente das fatias de queijo de percepção borrachosa, em geral produzidas com um sistema de embalagem convencional a vácuo, o Mapax da AGA produz fatias atraentes de queijo que são mais fáceis de separar pelo consumidor.

Para cada laticínio a ser embalado, a AGA desenvolve uma mistura de gases específica para o produto usando dióxido de carbono, nitrogênio e oxigênio em doses apropriadas. Isso minimiza o crescimento microbiano, ao mesmo tempo que promove o funcionamento natural dos produtos. A tecnologia Mapax pode ser aplicada à embalagem para uma variedade de laticínios, incluindo queijos suaves ou fortes, queijo cottage, iogurte e creme. Mapax também pode ser usado com máquinas tanto de estiramento profundo *(deep draw)* quanto de embalagem ou empacotamento em fluxo horizontal para acomodar uma vasta gama de exigências de instalação e produto.

Embalagem ativa

O termo embalagem ativa se refere à incorporação de aditivos ao filme de embalagem, ou dentro de recipientes de embalagem, com o propósito de manter e estender a vida do produto na prateleira. Há uma gama de tecnologias envolvidas na embalagem ativa que incluem: absorvedores de oxigênio, absorvedores/emissores de dióxido de carbono, absorvedores de eteno, liberadores de conservantes, emissores de etanol, absorvedores de umidade, absorvedores de sabor/odor, removedores de lactose e colesterol, embalagem com controle de temperatura, filmes antibacterianos, MAP e embalagem de atmosfera controlada (CAP).

Os segmentos de mercado em que esses tipos de embalagem são usadas incluem: carne e aves, peixe fresco, frutas e vegetais, laticínios, alimentos secos, massas frescas, petiscos e salgadinhos, biscoitos, produtos de padaria, bebidas, refeições prontas, produtos farmacêuticos e eletrônicos.

O principal propósito da embalagem para alimentos é protegê-los da contaminação microbiana e química, bem como do oxigênio, do vapor d'água e da luz. A embalagem ativa faz mais do que simplesmente proporcionar uma barreira a influências externas. Ela pode controlar e até mesmo reagir a eventos que podem ocorrer dentro da embalagem.

Alimentos frescos

Imediatamente após terem sido colhidos, os alimentos frescos mantêm ativos seus sistemas biológicos. A atmosfera dentro da embalagem muda constantemente, pois gases e umidade são produzidos durante os processos metabólicos. O tipo de embalagem usado também influenciará a atmosfera ao redor do alimento, porque alguns plásticos são fracas barreiras a gases e à umidade.

O metabolismo do alimento fresco continua a consumir oxigênio no espaço central de uma embalagem e a aumentar a concentração de dióxido de carbono. Ao mesmo tempo, a água é produzida e a umidade interior da embalagem se amplia, favorecendo o crescimento de micro-organismos de deterioração, danificando o tecido de frutas e vegetais.

Muitos alimentos vegetais produzem eteno como parte de seu ciclo metabólico normal. Esse simples composto orgânico provoca o amadurecimento e o envelhecimento desses vegetais. É por isso que frutas como bananas e abacates amadurecem rapidamente quando guardadas próximas de outras frutas maduras ou danificadas em um mesmo recipiente, e o brócolis se torna amarelo, mesmo quando guardado no refrigerador.

As embalagens ativas oferecem uma solução nessa área em que é difícil, com embalagens convencionais, otimizar a composição do espaço livre da embalagem.

Alimentos processados

A vida na prateleira de alimentos processados é também influenciada pela atmosfera que envolve o alimento. Para alguns alimentos processados, um nível de oxigênio mais baixo é benéfico. Isso reduz a velocidade da mudança de cor de carnes curadas e de leite em pó e previne o ranço em nozes e em outros alimentos de alta gordura. O alto nível de dióxido de carbono e o baixo nível de oxigênio podem provocar um problema em produtos frescos, levando ao metabolismo anaeróbico e ao rápido apodrecimento. Entretanto, em carnes frescas e processadas, queijos e produtos de padaria, o dióxido de carbono pode ter um efeito antimicrobiano benéfico.

Sistemas de embalagem ativa

A embalagem ativa emprega um material que interage com o ambiente e o gás interno para estender a vida do alimento na prateleira. Tais tecnologias modificam continuamente o ambiente de gás (e muitas interagem com a superfície do alimento), removendo ou adicionando gases a seu espaço livre (*headspace*).

Inovações tecnológicas recentes para o controle de gases específicos dentro de uma embalagem envolvem o uso de absorvedores químicos para absorver um gás ou outros produtos químicos, os quais podem eventualmente liberar um gás específico requerido.

Absorção de eteno – Um reagente químico incorporado ao filme de embalagem apreende o eteno produzido pelo amadurecimento de frutas e vegetais. A reação é irreversível e somente pequenas quantidades do absorvedor são requeridas para remover eteno nas concentrações em que é produzido.

Filmes que contêm absorvedores já são usados como meios valiosos para estender a vida de frutas, vegetais e flores para exportação. Esses sistemas podem envolver a inclusão, na embalagem, de um pequeno sachê, o qual contém o absorvedor apropriado. O próprio material é altamente permeável ao eteno e a difusão por meio desse sachê não é uma limitação séria. O reagente químico para eteno é usualmente permanganato de potássio, que o oxida e desativa.

Absorção de oxigênio – A presença de oxigênio em embalagens alimentícias acelera a deterioração de muitos alimentos. O oxigênio pode causar o desenvolvimento de perda de sabor, mudança de cor, perda de nutrientes e ataque microbiano. Diversos sistemas diferentes estão em produção ou sendo investigados para absorver oxigênio em taxas apropriadas para as exigências dos diferentes alimentos.

Uma das aplicações mais promissoras para sistemas de absorção de oxigênio em embalagens alimentícias está no controle de crescimento de bolor. A maioria dos bolores requer oxigênio para crescer e em embalagens-padrão é frequente isso acontecer, o que limita a vida dos produtos assados (pães, bolos, batatas), como bolos de aniversário, pães fatiados e queijos embalados na prateleira. Testes de laboratório mostraram que o crescimento de mofo em alguns produtos assados pode ser evitado por pelo menos 30 dias, desde que se use a embalagem ativa. Significativos melhoramentos, como não ocorrência de mofo em queijo embalado, foram conseguidos.

Outra aplicação promissora é o uso de embalagem ativa para atrasar a oxidação e, portanto, o desenvolvimento de ranço em óleos vegetais. Discretos sachês com absorventes de oxigênio já são utilizados comercialmente. Nessa instância, o material de absorção é geralmente o óxido de ferro finamente dividido. Esses sachês foram usados em alguns países para proteger a cor de carnes curadas embaladas do oxigênio no espaço livre e retardar o envelhecimento e o crescimento de mofo em produtos de padaria, por exemplo, crostas de pizza.

Essa abordagem de inserção de sachê na embalagem é eficiente, mas encontra resistência entre os embaladores de alimentos. Os ingredientes ativos na maioria dos sistemas consistem de pó ou agregado negro/marrom não tóxico, mas que é visualmente pouco atraente, no caso de o sachê romper. Uma abordagem muito mais atraente é o uso de plástico de embalagem transparente como meio de absorção.

Liberação de dióxido de carbono – Altos níveis de dióxido de carbono são desejáveis em algumas embalagens alimentícias, porque inibem o crescimento de micro-organismos na superfície. Carne fresca, aves, peixe, queijos e framboesas, todos esses produtos se beneficiam ao serem embalados em atmosfera rica em dióxido de carbono.

Entretanto, com a introdução da MAP, há a necessidade de gerar concentrações variadas de dióxido de carbono para se adaptar às exigências específicas dos alimentos. Uma vez que o dióxido de carbono é mais permeável por meio de filmes plásticos que o oxigênio, ele precisará ser produzido ativamente em algumas aplicações para manter a atmosfera ideal na embalagem.

Até o momento, o problema associado à difusão de gases por meio da embalagem, especialmente o dióxido de carbono, não tem sido resolvido, e isso permanece uma importante área de pesquisa.

Liberação de etanol – A atividade antimicrobiana do etanol (ou do álcool comum) é bem conhecida e usada em aplicações médicas e farmacêuticas. O etanol também tem sido indicado para melhorar a vida do pão e de outros produtos de padaria na prateleira, quando espalhado nas superfícies do produto antes de este ser embalado.

Um novo método de gerar vapor de álcool, recentemente desenvolvido no Japão, ocorre por meio do uso de um sistema de liberação de álcool anexado em um pequeno sachê. Esse sistema foi aprovado no Japão para estender a vida dos produtos nas prateleiras, livrando de mofar, por exemplo, bolos de aniversário embalados. O etanol de grau alimentício é absorvido em um fino pó inerte, que é anexado a um sachê permeável ao vapor de água. A umidade é absorvida do alimento pelo pó inerte e o vapor de etanol é liberado e permeia o sachê, adentrando o espaço livre da embalagem do alimento.

Outros desenvolvimentos

Os exemplos dados anteriormente são somente algumas aplicações comerciais e não comerciais da embalagem ativa. Essa tecnologia é tema de pesquisa em muitos países e rápidos desenvolvimentos são esperados. Outros sistemas de embalagem ativa já disponíveis ou que em breve podem existir incluem:

- Sachês com pó de ferro e hidróxido de cálcio que absorvem tanto o oxigênio quanto o dióxido de carbono. Esses sachês são usados para estender a vida do café em grão na prateleira.
- Filmes com inibidores microbianos diferentes dos citados anteriormente. Outros inibidores investigados incluem íons metálicos e sais de ácido propiônico.
- Filmes especialmente fabricados para absorver sabores e odores ou, ao contrário, para liberá-los dentro da embalagem.

A embalagem ativa tem atuado por muitos anos em uma variedade de formas, mas o interesse por ela cresceu recentemente graças a uma carga de publicidade sobre o desenvolvimento de absorvedores de oxigênio, antimicrobianos e absorvedores de eteno recém-melhorados.

Com isso, vieram novas oportunidades para embalagens alimentícias, como o conceito de conservantes alimentícios de aplicação indireta por meio da embalagem do alimento.

Muitos dos trabalhos iniciais sobre embalagens ativas tiveram lugar no Japão, onde os sachês de absorvedores de oxigênio foram introduzidos no final dos anos 1970. Esses absorvedores "sem idade" de ferro da Mitsubishi Chemical foram usados em numerosas embalagens alimentícias japonesas. Embora jamais tenham sido populares nos EUA, ainda assim há muitas embalagens no mercado americano que usam esses sachês.

Em anos mais recentes foram desenvolvidos vários filmes que contêm ferro, muitos dos quais são opacos e não são amplamente usados devido a problemas de iniciação.

Outra área vital de desenvolvimento está ainda em pesquisa no meio acadêmico, no qual vários conceitos de embalagem ativa para alimentos foram introduzidos. Houve também projetos esporádicos com fornecedores de filmes, como a Cryovac Div. and Sealed Air, organizações governamentais e laboratórios de pesquisa e desenvolvimento em Natick, MA e CSRIO (Austrália).

O crescimento dos absorvedores de oxigênio é evidente. Com uma taxa estimada em mais de 50% ao ano só para tampas de cerveja (*beer crown*), outras destinações, como frascos para outras bebidas, sucos de frutas, bebidas esportivas e carne embalada pronta também encabeçam essa lista. Outros mercados substanciais incluem bandejas e tampas para refeições prontas e *composite cans* (latas de papel aluminizado).

Houve um significativo aumento no uso de absorvedores de oxigênio em frascos PET para cerveja e outras bebidas. Estes incluem produtos e itens, como Amsorb DFC, da BP Chemical. Usado no mercado de sucos de frutas, esse aditivo remove o oxigênio que permeia as paredes laterais dos frascos PET.

Na área de embalagem flexível, a Cryovac (Duncan, SC) introduziu uma gama de filmes "OS" (absorvedor de oxigênio) com um polímero em que o próprio filme é o absorvedor de oxigênio. Esses são filmes em multicamadas com o absorvedor polimérico incorporado ao filme, sendo iniciado pela luz UV e completamente transparente. É usado pela Nestlé em suas embalagens de massa fresca Buitoni. Outros filmes estão sendo desenvolvidos pela CSRIO, Chevron Phillips (EUA) e pela CLP (Israel).

Ocorreram também muitos desenvolvimentos para a remoção de gás eteno da embalagem. O filme "Orega" foi desenvolvido para preservar frutas e vegetais. Suas propriedades absorventes de eteno atuam por meio da adição de um fino material poroso, como zeolita ou carbono. A CSRIO introduziu também um composto que remove gás eteno dos arredores de plantas – o gás eteno faz as folhas se tornarem amareladas. Um reagente orgânico que reage com eteno e se difunde na embalagem foi incorporado ao filme.

A taxa de difusão determina largamente a taxa de reação e, preferencialmente, o reagente deve ser incluído em camadas mais permeáveis de filmes de barreira. Somente pequenas quantidades (concentração de poucas partes por milhão) são requeridas para remover o eteno.

Quanto ao controle da umidade, foram feitos desenvolvimentos para além do uso de sachês de sílica gel. Houve iniciativas para produzir combinações dessecantes incorporadas ao filme da embalagem. Os prospectos mostram-se promissores.

Para transformadores de embalagem flexível, tanto o custo como a aplicabilidade da conversão são importantes para o uso bem-sucedido da maioria dos conceitos de embalagem ativa.

Como a tecnologia é muito nova, a embalagem ativa tende a ser bastante cara. Para avaliar a viabilidade de utilizá-la deve-se executar uma análise de custo-benefício que determine se a extensão da vida na prateleira não tem um custo mais elevado. Mas outros fatores também devem ser considerados, incluindo a possibilidade de melhoramento de qualidade, mudanças de distribuição e aprimoramento nutricional. Somente então é que os transformadores podem decidir quão vantajoso seria incluir a embalagem ativa no seu mix de produtos.

Filmes-barreira

Plásticos atualmente usados em embalagens-barreira são bons, mas há uma série de problemas que restringem seu uso ou limitam seu crescimento em muitas aplicações, tais como:

- Alto custo – quase sempre maior que o custo do plástico de embalagem simples em monocamada, por exemplo, PELBD ou PEBD.
- Suscetibilidade de contaminação ou degradação, especialmente pela umidade. EVOH é o melhor exemplo desse problema, uma vez que seus grupos hidróxilos dão-lhe boas propriedades de barreira, mas também o tornam suscetível à hidrólise. Como resultado, o EVOH só pode ser usado como camada interna em uma estrutura em multicamadas (MLS).
- Problemas de descarte ou reciclagem. Por conter mais de um tipo de plástico, filmes multicamadas não podem ser facilmente misturados e reciclados: por exemplo, PEAD e PET.
- Materiais competidores, alguns antigos como vidro, outros novos, como revestimentos de vidro de óxido de silício, podem proporcionar uma barreira superior.

A embalagem de barreira assume uma grande importância a cada ano, quando tanto produtores como clientes visam à vida mais longa dos produtos na prateleira, melhor integridade do produto, sabor, potência etc.

Desenvolvimentos nos anos mais recentes ocorreram com a introdução de estruturas em multicamadas de embalagem de barreira mais sofisticadas para resolver os problemas de embalagem de barreira mais difíceis pelo lado econômico. Nos primeiros anos da década de 1990, quatro materiais básicos de barreira foram desenvolvidos: PVdC, náilon, EVOH e filmes metalizados. Mas a demanda do consumidor por alimentos com vida mais longa na prateleira, com qualidade e excelente retenção de sabor e frescor, levou a essas estruturas de multicamadas mais sofisticadas, que são muitas vezes mais finas que seus predecessores menos eficientes. Isso porque há maior escolha de barreiras e de camadas estruturais nas MLS.

Os tipos de resinas de barreira agora disponíveis incluem EVOH, fluorpolímeros (policlorotrifluoroetileno – PCTFE), copolímeros nitrílicos (AN-MA), náilons, poliésteres termoplásticos, PVdC, adesivos (*tie layers*) e filmes permeáveis a vapor. Dos três grandes grupos de aplicação de embalagens – alimentícias, produtos químicos e industriais e de cuidados com a saúde –, o grupo das embalagens alimentícias é o maior segmento.

O uso de filmes de barreiras permeáveis a vapor ou seletivos que permitem uma alta transferência de gases é importante nas embalagens para alimentos. Há os chamados filmes "respiráveis", como PVC para embalagem de carne e a marca TyvekR, da DuPont, de fibras poliolefínicas ligadas a filmes permeáveis (CAP ou MAP) para embalagens alimentícias.

Uma resina de barreira tem as seguintes características de permeabilidade:

- Oxigênio: uma resina com permeabilidade ao oxigênio (medida como taxa de transmissão de oxigênio ou OTR) menor que 2 ml/mil/100 in^2 (654 cm^2)/24 horas/dia, à pressão de uma atmosfera. Os filmes PET padrão metalizados têm uma OTR de cerca de 0,3 ou mais baixa. Qualquer material com OTR abaixo de 0,1 é normalmente considerado alta barreira; estes incluem PVdC e EVOH. Outros são chamados de barreiras moderadas.

- Vapor d'água (umidade): uma resina com WVTR de menos que 0,10 mg/dia. Filmes de barreira bastante baixa têm WVTR maior que 0,10; WVTRs de baixa barreira são de 0,06 a 0,1; de barreira intermediária, de 0,03 a 0,06; e filmes de alta barreira têm valores de WVTR de 0,03 ou menor. Atualmente, o melhor filme de barreira à umidade é o PTCFE, que tem valores de WVTR mais baixos que 0,03 para a maioria das estruturas, além de ser a única legítima resina de filme de barreira à umidade.

Entretanto, a permeabilidade e outras propriedades de barreira podem mudar como resultado de uma série de variáveis, as quais incluem condições ambientais (particularmente temperatura e umidade), tipo exato de plástico de barreira, estrutura particular de embalagem (incluindo outros materiais, polímeros de camada de ligação, adesivos etc.), condições de processamento executadas pelo processador ou usuário final, por exemplo, embalagens autoclaváveis ou de enchimento a quente.

Embalagem inteligente

Polímeros inteligentes correspondem a uma das famílias dos numerosos novos materiais "inteligentes". Eles combinam sensores, atuadores, processamento de informação e armazenagem de energia/funções de conversão em um material ou sistema de material composto. O material inteligente é capaz de detectar uma mudança em seu ambiente (por exemplo, a chegada de uma corrosão) e atuar com uma resposta apropriada (como liberar um inibidor de corrosão) automaticamente, tornando-se autopotencializado.

Há muitos polímeros que possuem (ou têm condições de possuir) uma ou mais dessas funções e diversos trabalhos estão em andamento, com o intuito de desenvolver sistemas de polímeros inteligentes realmente integrados.

Plásticos inteligentes para embalagem

A descoberta, nos anos 1970, de que certos polímeros são eletricamente condutores leva a aplicações práticas em embalagens "inteligentes". Pesquisas de vários locais atuam no sentido de melhorar esses polímeros e estender seu leque de aplicações.

Circuitos plásticos de memória, por exemplo, são descobertos como adequados à embalagem de alimentos, em que circuitos integrados feitos de silício seriam demasiadamente caros. Os circuitos de memória podem trazer informação para ajudar a logística, por exemplo.

Outro leque de aplicações tira vantagem da propriedade de emissão de luz de polímeros condutores. Pesquisadores finlandeses da VTT Electronics elaboraram uma tecnologia de processamento, por meio da qual o filme fino de polímero flexível pode ser feito para produzir luz e ser conectado a produtos. Essa propriedade pode ser usada para produzir luzes de sinalização ou advertências, por exemplo.

O uso de polímeros condutores em uma variedade de produtos está em seus primeiros estágios, em termos mundiais. Dispositivos de polímeros de produção de luz (LEDs), que competem com *displays* de cristais líquidos (LCDs), foram desenvolvidos por algumas empresas internacionais.

No Reino Unido, a Disperse Technologies foi contratada pela Engineering and Physical Sciences Research Council (EPSRC) para empreender uma nova pesquisa com o fim de aplicar sua nova tecnologia de encapsulamento por filme fino (TFE) nas indústrias de embalagem e impressão.

Filme antimicrobiano

Combinar antimicrobianos com filmes de embalagem para controlar o crescimento de micro-organismos em alimentos poderia ter um impacto significativo na extensão da vida do produto na prateleira e na segurança alimentar.

Entretanto, agentes antimicrobianos incorporados ao filme de plástico devem ter algumas propriedades importantes: devem ser inspecionados e aprovados pelas autoridades, quer como substância, quer como aditivo de alimento; não podem ser desativados por ingredientes no alimento; não devem provocar quaisquer mudanças nas características sensoriais do alimento; devem ter migração controlada com atividade a baixas concentrações; e necessitam ser termoestáveis ao processo de extrusão, se incorporados a um plástico.

Muitas classes de compostos antimicrobianos foram avaliados em estruturas de filme, incluindo ácidos e ésteres orgânicos, enzimas, bacteriocinas, compostos derivados de plantas e óleos essenciais de especiarias e ervas, lipídios e compostos mesclados, como extratos líquidos de fumo, etanol, triclosan, zeolitas de prata e dióxido de cloro. Os resultados desses esforços mostram que embalagem antimicrobiana é uma tecnologia extremamente desafiante em termos de eficiência, do nível necessário de atividade antimicrobiana e do modo de entrega. Ultimamente, deve-se pesar os benefícios dos compostos antimicrobianos de um filme perante a sua adição direta aos alimentos.

Pesquisadores de embalagem ativa visam também ao desenvolvimento de filmes estéreis capazes de produzir efeito antimicrobiano em alimentos e bebidas. A primeira abordagem básica da embalagem antimicrobiana consiste em ligar um reagente à superfície das embalagens com o auxílio de uma estrutura molecular que seja grande o suficiente para manter a atividade microbiana nas paredes da célula, mesmo que aprisionada no plástico. A segunda abordagem envolve a liberação de agentes para o alimento ou bebida, ou a remoção localizada de um ingrediente nutricional essencial para o crescimento dos micróbios.

Alguns desses desenvolvimentos incluem:

- Filme antimicrobiano da Mitsubishi – esta tecnologia é baseada na integração de partículas de zeolita à superfície de laminados que entram em contato com o alimento.
- Maxwell Chase Technologies – esta nova tecnologia já está no mercado nos EUA sob o nome de Fresh-R-Pax. Ela promete ajudar a proteger os consumidores do *E. coli* e da *Salmonella,* além de ser capaz de remover micro-organismos do alimento (especialmente de vegetais frescos recém-cortados).
- A Universidade de Kyungnam, Coreia, conduziu um estudo que utiliza filmes com compostos antimicrobianos de ocorrência natural derivados de sementes de *grapefruit*, que têm desempenho melhor que filmes de PEBD usados para embalar alface ou brotos de feijão. Descobriu-se que os filmes contendo 1% de extrato

de semente de *grapefruit*, possuem efeitos de inibição particularmente bons em *E. coli* e *Staphylococcus aureus*.

Filmes de embalagem antimicrobianos

Materiais de embalagem podem possuir atividade antimicrobiana quando sujeitos a métodos de irradiação, que podem incluir o uso de material radioativo, luz UV ou *laser*.

A lista de agentes antimicrobianos que têm sido incorporados a materiais de embalagem inclui ácido propiônico, peróxido, ozônio, óxido de cloro, eugenol, cinamaldeído, alil isotiocianato, iisozima, nisina e EDTA. Ácido sórbico e sorbato de potássio foram incorporados a uma variedade de materiais de embalagem de alimento para melhorar a vida do produto na prateleira. Fungicidas e antibióticos incorporaram-se a filmes de embalagem de alimento para atrasar o surgimento de mofo.

Outros desenvolvimentos de filme antimicrobiano – Nos EUA, a B.A.G Corp.® e sua supridora de tecido BP desenvolveram um recipiente antimicrobiano chamado Super Sack®. A B.A.G Corp.® oferecerá recipientes flexíveis intermediários de grande volume (FIBCs) construídos de tecido de PP com aditivo à base de prata patenteado. Esse aditivo inorgânico é aprovado pela Federal Drug Agency (FDA) para contato indireto com alimentos e permanece efetivo durante múltiplas viagens. O tecido é também registrado na EPA, que autorizou o uso de filme antimicrobiano como preservativo para proteger tecidos plásticos.

O composto antimicrobiano de prata não afeta o gosto, o odor e a aparência do produto embalado. A prata tem longa história como um inibidor eficiente de crescimento microbiano. Pessoas usaram prata por séculos para prevenir infecções e para acomodar vasos dedicados à armazenagem de água por longo prazo. Como as moléculas de prata são inorgânicas, as bactérias não podem desenvolver resistência a ela. Filmes e revestimentos de PE da Silver Sentinel também estão sendo pesquisados. Produtos em estágio de desenvolvimento incluem aqueles de contato indireto com alimentos para a indústria alimentícia e filmes para aplicações relacionadas a outros setores, como a indústria da construção. O uso potencial tanto do recipiente como do revestimento Silver Sentinel Super Sack® poderia tornar-se um FIBC antimicrobiano completo.

Novas enzimas – O Dr. Joseph Hotchkiss, da Universidade Cornell, desenvolveu uma enzima em material de filme usada para reduzir a acidez de sucos cítricos. Usando naringasa, um fungo derivado de enzima, o material foi incorporado ao filme plástico que reveste o cartão para suco. Uma vez que a acidez nos *grapefruits* é proveniente de um composto vegetal comum, que possui moléculas de açúcar conectadas a ele, a enzima desprende essas moléculas, tornando o gosto do suco mais doce.

Hotchkiss trabalha atualmente também com uma enzima chamada isozima, que é mais comumente achada na clara do ovo de galinha. A isozima também ocorre na saliva e nas lágrimas humanas e é uma enzima antibacteriana bastante comum. O material tem sido incorporado com sucesso em filmes plásticos.

Outros conceitos possíveis abrangem o uso de enzimas de redução de colesterol em filmes de embalagem para reduzir o colesterol do leite ou a pulverização da superfície interna de um filme com *spray* de pó antibacteriano.

5

embalagens flexíveis para **o varejo**

A embalagem flexível deu significativos passos porque satisfez a demanda do consumidor por um produto atraente, inovador e que vem protegido. A variedade de tipos e usos finais de embalagens vem aumentando e a embalagem flexível ganha significativo espaço em todos os segmentos de embalagens, particularmente no de comidas e bebidas. Processos de fabricação tornam-se mais eficientes e eficazes em termos de custos; e uma série de tecnologias de próxima geração mostra-se promissora. Isso sugere que as novas aplicações de embalagens flexíveis estarão cada vez mais presentes.

Bolsas plásticas (*pouches*)

A bolsa plástica flexível mostra-se realmente promissora como solução de embalagem para um leque de produtos, desde alimentos e bebidas até comidas para animais (ver Figura 5-1). Uma indicação do esperado crescimento no consumo de bolsas plásticas verticais (SUPs) nos três grandes mercados da América do Norte, Europa e Japão pode ser obtida pelas previsões da indústria, as quais sugeriam que entre 2000 e 2006, a fatia de mercado das bolsas plásticas quase dobraria.

A Europa esperava ver o consumo de bolsas plásticas aumentar dos 5 a 7 bilhões, em 2000, para 10 a 12 bilhões, em 2006; o Japão experimentará um salto de 4 a 6 bilhões de SUPs e, nos EUA, o consumo de bolsas flexíveis com absorvedores de oxigênio ativo já é estimado em 1 bilhão de unidades.

Nos Estados-membros do NAFTA (North American Free Trade Association) – EUA, Canadá e México –, espera-se que o consumo cresça de 4,8 a 12 bilhões de bolsas plásticas no mesmo período de cinco anos.

As bebidas já consumiram 3,5 bilhões de SUPs desde 2000 no território do NAFTA. E a previsão era de que, por volta de 2006, esse cenário dobrasse. Alimentos secos para animais contam com 300 milhões de unidades, devendo crescer 800 milhões em 2006. Alimentos úmidos devem crescer de 200 milhões para 2 bilhões; *snacks* (salgadinhos e petiscos), de 300 milhões para 700 milhões; bolsas plásticas para congelados, de 100 milhões para 500 milhões, e produtos secos e artigos sanitários em SUPs devem crescer, em ambos os casos, de 100 milhões para 300 milhões de unidades (ver Figura 5-2).

Ao redor do mundo, os maiores fabricantes (*players*) se empenham constantemente em melhorar a performance dos SUPs. Os grandes especialistas em bolsa plástica flexível já realizaram grandes avanços nessa questão. A capitalização de mercado dos dez maiores fabricantes, a maioria dos quais em dólar, está na faixa de US$ 14,5 bilhões.

As dez empresas líderes europeias, que também são ativas no mundo inteiro, têm uma capitalização em torno de 3,4 bilhões de euros.

Figura **5-1**
Estrutura de bolsa plástica de bico flexível

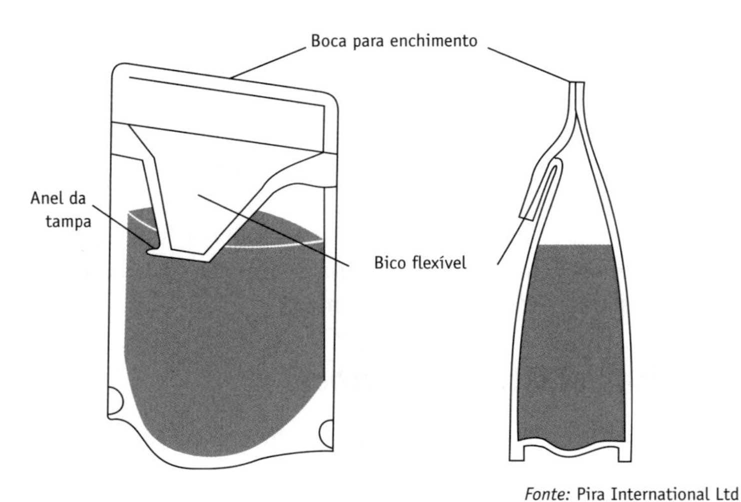

Fonte: Pira International Ltd

Figura **5-2**
Bolsas plásticas de duas câmaras

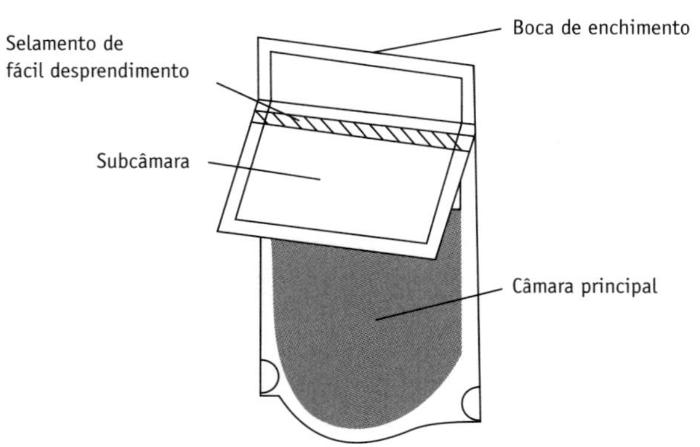

Fonte: Pira International Ltd

Exemplos comerciais

As bolsas plásticas de refil ou uso único para líquidos surgiram recentemente. Elas têm bico e fechamento combinados. As bolsas plásticas de refil possuem, na maioria, bicos de PP moldado por injeção com tampa de rosca ou plugue. Dispositivos de lacre de segurança, como aqueles para a rolha plugue em uma bolsa plástica de sopa misoshiro foram introduzidos em 2002. Muitas dessas bolsas plásticas são reforçadas no fundo e, portanto, permanecem em pé (*self-standing*) (ver Figura 5-3).

Figura **5-3**
Estrutura de bolsa plástica dispensadora

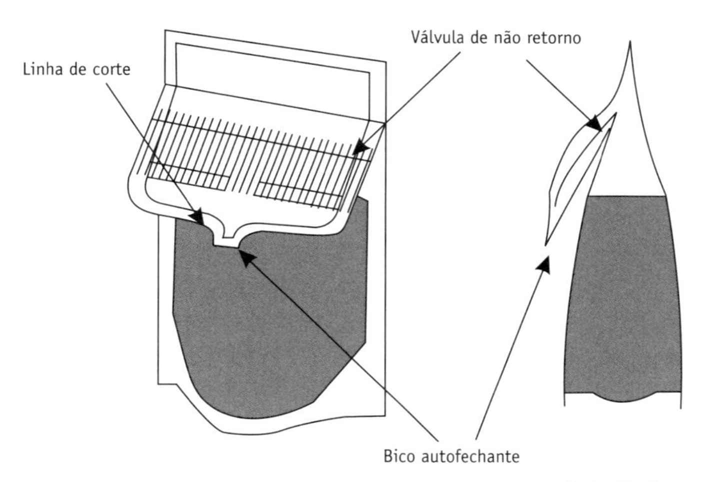

Fonte: Pira International Ltd

A redução do volume de embalagem fez com que as bolsas plásticas verticais zipadas substituíssem o papelão para produtos não líquidos. A bolsa plástica para embalagens de pequenas porções de café solúvel instantâneo, como o Nescafé da Nestlé, é um exemplo.

Embalagens de refil, como bolsas plásticas para detergentes líquidos, são relativamente novas no Japão. A maioria depende do corte de um dos cantos superiores da bolsa plástica. A Procter & Gamble foi a primeira empresa a usar uma bolsa plástica (*pouch*) destinada a preencher frascos de diâmetro muito diminuto sem perdas por derramamento. Uma tira de PP é soldada a uma face interna da seção do "canto de verter". Sua largura de 1,5 cm é dividida em três tiras pendentes. Uma vez que a tira do canto é cortada, os consumidores são orientados a como pressionar a tira de dentro do canal de verter de 0,5 x 0,5 x 0,5 cm de largura (ver Figura 5-4).

A Spout Pack, da Cow Pack, é uma bolsa plástica autosselante para produtos como alimentos líquidos, detergentes e xampus. Há uma década esse sistema, desenvolvido nos EUA, foi o grande ganhador do prêmio na competição anual Good Packaging no Japão, mas depois a bolsa plástica desapareceu. Agora ela está de volta, mas modificada: ganhou um cordão pendente conectado para ir ao encontro das necessidades dos consumidores-alvo. Um exemplo de uma bolsa plástica resselável e da sua estrutura única é mostrado nas Figuras 5-5 e 5-6.

Figura **5-4**
Projeto da embalagem de refil da Procter & Gamble para detergente líquido

Fonte: Pira International Ltd

Figura **5-5**
Estrutura inovadora de bolsa plástica (*pouch*) permite fácil abertura (*easy peel*) e fechamento

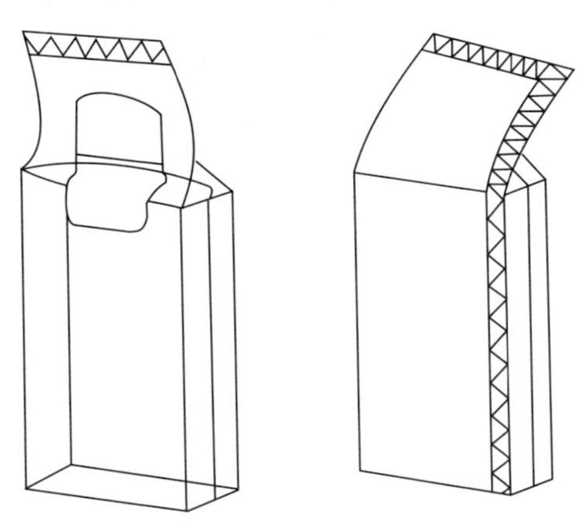

Fonte: Pira International Ltd

Desde 2002, novos produtos são predominantemente embalados em SUPs, com muitos fabricantes de alimentos reembalando seus produtos atuais. A Nabisco decidiu seguir esse caminho com seu Ritz Snack Mix. Esse produto saiu de uma típica aplicação "sacola na caixa" (*bag-in-box*) para uma bolsa plástica vertical (*stand-up*) estilo *Doy* (com refechamento). De acordo com a Nabisco, as vendas do produto mais que dobraram devido à mudança de embalagem.

A Nabisco quis que os consumidores percebessem o produto mais como um petisco de "mão para a boca" (prático). O consumidor associa a embalagem *bag-in-box* a biscoitos, e não *a snacks*. De acordo com a empresa, uma mudança de embalagem pode influenciar a percepção de produtos, particularmente daqueles posicionados entre categorias, como era o Ritz Snack Mix. O produto tinha um problema de imagem porque era colocado entre as categorias biscoito e *snack*.

O Ritz Snack Mix é embalado em filme polipropileno orientado metalizado (metOPP). A embalagem, com seus gráficos metálicos acentuados, se diferencia da maioria dos produtos Nabisco, pois foi destinada a atrair consumidores jovens.

Há poucos consumidores de produtos que não aceitam embalagens flexíveis, mas, de acordo com a Nabisco, outros consumidores de produtos estão menos propensos a aceitar as bolsas plásticas flexíveis – como os produtores de leite, por exemplo.

Entretanto, o mercado para bolsas plásticas de produtos líquidos, como molhos, cresce.

Bolsas refecháveis – A Parkside Flexible, com matriz no Reino Unido, instalou uma máquina PDI feita nos EUA para formatos verticais (*stand-up*) e planos (*flat*). Instalada na fábrica Stoke de Parkside, a máquina pode fazer vários tipos de bolsas plásticas, incluindo aplicações refecháveis a zíper e com alça (*zipper and hanger punch*), para um vasto leque de mercados de uso final.

A fábrica abastecerá o mercado de sopa em bolsa plástica, além de molhos para comida de animais de estimação (*pet*), miscelânea de alimentos e uma série de outros produtos. Uma opção para a empresa poderia ser a produção de grandes bolsas de zíper refechável para multiembalagens de petiscos (*snacks*). As sacolas usuais rasgam ao abrir, dificultando a estocagem, quando necessário, de embalagens menores.

A máquina PDI da Parkside está aparelhada para receber uma unidade para adicionar tampas de estilo *sport* a bolsas e investiga os benefícios de bolsas plásticas impressas em flexografia, depois de ter adicionado uma segunda máquina Novoflex para melhorar seu processo flexo-digital e oferecer impressão flexográfica com padrão de rotogravura.

A empresa acredita que as fábricas que envasam mais de 5 milhões de unidades por ano provavelmente descobrirão que fabricar bolsa plástica internamente, a partir de bobinas impressas, é a melhor opção. Mas para menos de 5 milhões de unidades, elas procurarão uma fonte externa. Leite, óleo e alguns alimentos vendidos em lojas de conveniência oferecem grandes oportunidades de crescimento para bolsas plásticas.

O refechamento (*reclosability*) é a primeira conveniência que os consumidores querem, especialmente em tamanhos maiores de embalagem. Um exemplo de uma estrutura resselável é mostrada na Figura 5-6. O temor é que o dispositivo de fechamento, como o zíper, poderia prejudicar as taxas de consumo, de tal modo que é importante que eles sejam fáceis de abrir e fechar. Zíperes são bem conhecidos, simples de operar e, para muitos, o dispositivo de fechamento de escolha. Um exemplo de fechamento adesivo alternativo é mostrado na Figura 5-7.

Queijo da Kraft em bolsa plástica com zíper deslizador – A Pechiney Plastic Packaging, Inc. ganhou o prêmio versão 2001 da Flexible Packaging Association (FPA) por sua inovação em embalagem: uma bolsa plástica de queijo ralado. Os melhoramentos incluem nova embalagem de fechamento deslizante com filme picotado a *laser*, que substitui a embalagem convencional de queijo ralado com uma tira de rasgar e um zíper convencional de pressionar para fechar. A nova embalagem oferece aos consumidores três importantes vantagens: é mais fácil de abrir, mais fácil de resselar e proporciona maior segurança devido às suas características de lacre de segurança (*tamper evident*).

Figura **5-6**
Estrutura única de uma bolsa plástica resselável

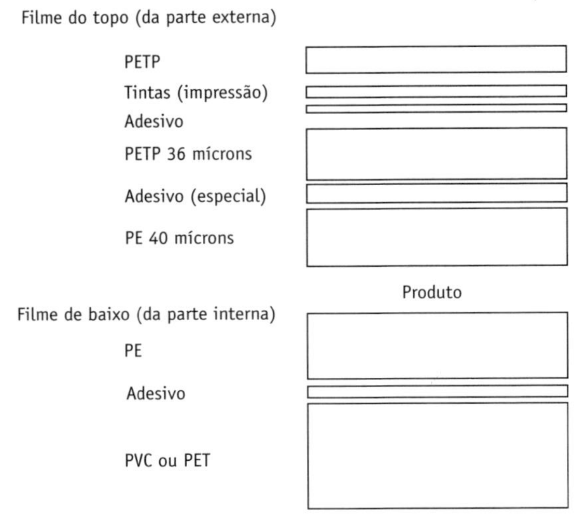

Fonte: Pira International Ltd

Figura **5-7**
Um fechamento adesivo alternativo

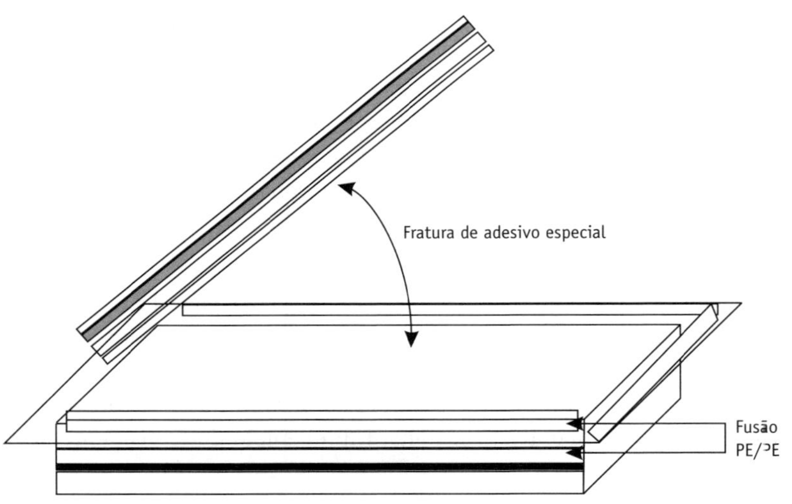

Fonte: Pira International Ltd

A Pechiney incorpora ao filme a incisão a *laser* durante a manufatura para proporcionar um benefício embutido: a facilidade de rasgar sem o risco de fissuramento na direção de menor resistência. Empregando um sistema de clipe deslizante da Minigrip/ZipPack integrado a uma máquina Pacmac V de *form-fill-seal* (FFS), essa embalagem confecciona um corpo de zíper que é anexado a um encabeçador encoberto para selamento de segurança. Uma tampa (*punch-out*) única e chamativa ao redor do deslizador vermelho permite ao consumidor acesso fácil ao deslizador (*slider*), mas previne-o de movimentar para trás e para a frente. Quando o deslizador é aberto, o selante de prega incorporado à beira do zíper é revelado, o que proporciona um selamento hermético.

Atum em bolsa plástica – O primeiro atum embalado em bolsa plástica foi lançado em lojas do Reino Unido em meados de 2002 pela Princes Foods. O mercado de atum enlatado do Reino Unido vale em torno de 170 milhões de libras ao ano. A porção de consumo individual de 85 g visa aos consumidores que compram o produto enlatado Princes de 113 g. Rapidamente foi dado ao Go Tuna um dispositivo de fácil abertura por rasgo – ele é ideal para fazer sanduíches e saladas ou para comer diretamente da embalagem.

A própria bolsa plástica é impressa e convertida no Japão pela Fujimori Sango. Possui armação laminada de PET, tinta, PP *cast* e alumínio, com impressão rotográfica em seis cores. O produtor e embalador é a B&M na Tailândia, em que a empresa local LLH Printing and Packaging manufatura o papelão do *display*, que é feito de papelão micro-ondulado que permite às bolsas plásticas ficarem de pé. Um trabalho de arte foi gerado pela Tayburn Brands, Edimburgo, com reprodução pela The Box Room, em Tayburn.

Teste-piloto de bolsa plástica de leite da Dairy Crest – A Dairy Crest está testando atualmente um sistema de bolsa plástica de leite para ser entregue em domicílio, em depósitos e supermercados selecionados do Reino Unido. A empresa diz que, embora seja muito cedo para falar da morte dos frascos de vidro de leite para entrega de porta em porta, a crescente consciência ambiental entre os consumidores significa que este é o momento certo para introduzir uma nova forma de embalagem "verde".

A bolsa transparente de 2 *pints* (1 *pint* inglês = 0,568 litro) exige menos embalagem, menos resíduo e menos ocupação de aterros, de acordo com a Dairy Crest. A bolsa coextrudada de três camadas é feita pela Glopak, Canadá, e a Dairy Crest afirma que foi pioneira nessa tecnologia desenvolvida há mais de 30 anos.

O leite é vendido em pacotes de 2 x 2 *pints*, que podem ser congelados. Depois de aberto, o conteúdo é despejado em um jarro plástico especialmente vendido para esse propósito – uma sugestão mais atrativa para a mesa do café-da-manhã, sugere a Dairy Crest.

O conceito de jarro e de bolsa plástica imita um sistema que outros países, incluindo a Índia, e mais recentemente a Suíça, já adotaram.

Embalagens médicas esterilizadas – A demanda de embalagem médica esterilizada nos EUA é projetada para crescer 5,4% ao ano, com US$ 1,7 bilhão em 2005, estimulada por uma população que envelhece, por padrões cada vez mais rigorosos de controle de infecção e pela conveniência das configurações de embalagem esterilizada. As bolsas plásticas têm a expectativa de serem as maiores beneficiárias, de acordo com um estudo feito pelo Freedonia Group, empresa de pesquisa de mercado industrial dos EUA.

Esperava-se que a demanda por bolsas plásticas aumentasse em 5,7% ao ano e acima dos US$ 390 milhões em 2005, amparada pela versatilidade do produto e pelo baixo preço, se comparado com bandejas. Sacolas exibirão crescimento médio no mesmo período. Bolsas plásticas e sacolas oferecem a melhor combinação de custo e qualidade, diz o relatório.

O mercado de mais rápido crescimento para embalagens esterilizadas será o de aparelhos e suprimentos médicos, pois os descartáveis continuam a ganhar fatias de mercado sobre os reusáveis.

A demanda de PE de média e alta densidade apresentará oportunidades de uso em sacolas e bolsas plásticas. A resistência de sacolas e bolsas plásticas foi melhorada pelo uso de filmes com estruturas multicamadas incorporando náilons, metalocenos e outros componentes. O náilon é crescentemente usado na embalagem de kits e aparelhagens de grandes volumes por causa de sua tenacidade e resistência à abrasão e perfuração.

Tampas/Selos

Tampamento (*lidding*) é uma importante área de crescimento para um amplo leque de produtos embalados flexíveis e os filmes de barreira, em particular, encontram novas aplicações em embalagens alimentícias. Filmes de barreira de camadas PET/PE e OPP/PE são as melhores soluções para o selamento de uma vasta gama de alimentos embalados em MAP (atmosfera modificada) e CAP (atmosfera controlada) para ampliar a vida de prateleira. Filmes de tampamento de barreira com camada PET/PE e OPP/PE dão grande proteção mecânica a produtos alimentícios embalados e garantem:

- Composição estável de mistura de gases.
- Gosto e brilho estáveis.
- Nenhuma perda de peso do produto alimentício embalado.
- Qualidade estável do alimento.

Quando for exigida transparência da tampa/selo, o tratamento antiembaçante (*anti-fog*) elimina a condensação da umidade no filme acima do produto alimentício, melhorando, assim, sua aparência na prateleira. Quando a facilidade de abertura pelo consumidor for requerida, tampas *easy peel* (fácil abertura na selagem) são uma boa opção; uma solução de tampamento refechável está atualmente em desenvolvimento.

Filmes de tampamento podem ser usados com sistemas absorvedores de oxigênio para aumentar a vida na prateleira e dar aos varejistas mais tempo de venda entre o recebimento do produto e sua data de validade. Isso ajuda a reduzir despesas relacionadas à deterioração e também permite ao fabricante pôr o produto alimentício fresco nos canais de varejo, nos quais as vendas são mais lentas ou mais variáveis.

A maioria dos analistas prevê o aumento dos produtos acondicionados em embalagem absorvedora de oxigênio nos EUA e na Europa nos próximos anos, principalmente em bandejas, tampamento de refeições prontas e latas compostas (*composite cans*).

O filme de poliéster Mylar OL é resiliente o suficiente para resistir ao selamento, à abertura, e possui a conveniência de poder ir do refrigerador ao forno, declara a DuPont, o que o torna ideal para a cobertura de bandeja de refeição pronta que vai ao forno, bem como para a embalagem de saladas e produtos frescos. Esse filme poliéster autoventilado, biaxialmente orientado, pode ser usado como um filme único ou como parte de um laminado, como o Esterpeel SR, da FFP Packaging, um triplo filme laminado que substitui tanto termoencolhíveis como papelão.

A Mylar WOL tem todos os benefícios da Mylar OL, que é o primeiro filme de seu tipo a ter uma aparência branca brilhante sem a necessidade de sobreimprimir, diz a DuPont. Tal efeito é esperado para superar o problema da aparência inapetente de alimentos gelados vendidos em lojas de conveniência.

Outra área benéfica do tampamento é o mercado para café autoaquecível (*self-heating*) na Europa. Supermercados na Itália vendem cada vez mais minimáquinas de café e a Nescafé recentemente lançou um piloto ao consumidor para seu café enlatado "Hot When You Want It".

A Lawson Mardon Singen, empresa alemã que desenvolveu a "xícara quente" da Caldo Caldo's na Itália, diz que o aumento na demanda criou um pico de venda a partir de um produto de nicho, que anteriormente só era vendido em áreas de lazer de eventos esportivos e áreas de descanso em rodovias.

A ideia foi desenvolvida para a Chiari & Forti, empresa italiana de comidas e bebidas, pela Nuova Bit, subsidiária fabricante da Chiari, que chamou a Lawson Mardon para fornecer os componentes de alumínio de um formato de embalagem, de outra forma, toda plástica.

A Lawson Mardon fornece o selo de alumínio (selável por calor) de 60 mícrons de diâmetro e a xícara é produzida a partir de uma tira de alumínio laqueada de 210 mícrons de espessura, que sustenta a bebida.

A Chiari & Forti lançou também o Fredo Fredo de autorresfriamento, que reverte a tecnologia e dá aos italianos o café gelado que eles gostam de tomar no verão.

Novos filmes de tampamento de empresas como a Cryovac® agora são usados para massas e laticínios. A massa fresca de marca Buitoni, da Nestlé, usa filmes OS (absorvedores de oxigênio) da Cryovac para remover efetivamente oxigênio residual e aumentar a vida na prateleira, sem alterar a aparência ou o gosto do alimento. Os filmes OS contêm um componente polimérico patenteado que é incluído como uma camada de material de tampamento. Uma vez que o absorvedor é parte do filme, é invisível a olho nu e não altera a visibilidade do produto da massa fresca. Os filmes OS da Cryovac podem ser impressos na superfície ou impressos por aprisionamento (adesão), dependendo da aplicação.

A Cryovac trabalhou em conjunto com a Nestlé para projetar um material de tampamento que mantivesse a imagem da marca da massa Buitoni, o atual perfil da embalagem, e que também estendesse a vida do produto na prateleira.

O material de tampamento de filmes OS da Cryovac usado pela Nestlé remove oxigênio residual da embalagem MAP, que atinge níveis de oxigênio na embalagem menores que 1%. Com a redução do nível de oxigênio, o processo de absorção ativa aumenta a vida da massa refrigerada da Buitoni na prateleira em 50%. Por meio do processo patenteado, o absorvedor de oxigênio é ativado por UV (ultravioleta), independentemente do produto na embalagem, por um processo de acionamento de luz fornecido pelo sistema Cryovac Model 4100.

O filme metalizado pode ser usado para aplicações de tampamento (*lidding*) no setor farmacêutico. Estas incluem o selo de *blisters* fornecidos pelas companhias, como a Reynolds. Os materiais de tampamento podem ser de estrutura em papel, filme ou folha de alumínio que não rasguem. Filmes metalizados de alta barreira e fácil abertura também foram introduzidos como material alternativo para a parte traseira do *blister*.

Há uma demanda forte e continuada por materiais de tampamento de papel e é relatado que alguns possuem propriedades muito superiores às tampas tradicionais. Esses materiais incluem o novo papel de impressão de alto brilho da WalkiLid e um tampamento de polímero em multicamadas com potenciais aplicações na embalagem de laticínios, incluindo iogurte, sorvete, ricota e outros tipos de alimentos, como presuntos, balas, bombons e xaropes.

Sacolas

A produção de sacolas com base em CPP (PP *cast*) ou PEBD para têxteis, gêneros alimentícios e produtos higiênicos é um setor significativo de embalagens flexíveis. Sacolas de PP ou PE têm múltiplos usos na embalagem de um vasto leque de itens, especialmente alimentos.

Um estudo independente conduzido pela Plastics Research Associates (PRA) concluiu que a tecnologia de sacola plástica transparente, de fundo quadrado, está pronta para entrar no mercado de sacola de entrega de restaurantes *fast-food*.

No consumo de embalagens plásticas pelos processadores (por produto) na Europa Ocidental, sacos e sacolas já contam com cerca de 20% em termos de tonelagem. O PE domina, contando com 56% do peso de toda a embalagem plástica produzida. Cinco outros plásticos – PP, PVC, PS, EPS e PET – ficam com os 44% restantes. Cerca de 70% do PELBD é usado em filmes para sacolas de alimentos e de transporte.

As sacolas plásticas usadas em muitas aplicações fora do setor alimentício tendem a não ser feitas de monomaterial. Em vez disso, multicamadas de polímero são usadas para fazer sacolas, como *big bags* de PP com *cliver* de PE, sacolas de sangue/fluido e refis de detergente. Os plásticos normalmente são combinados com outros materiais na manufatura de embalagem *bag-in-box*.

Inovações continuam a passos acelerados no caso de sacolas plásticas para alimentos, particularmente alimentos gelados. Uma série de empresas introduziu sacolas PE refecháveis (retornáveis) para embalagem de alimentos. Um exemplo de sacola PE refechável usada para embalar vegetais congelados é a que possui um orifício selado colocado no canto superior do recipiente, o qual é selado após o enchimento. O consumidor pode refechar a sacola ao puxar o canto superior oposto do recipiente para dentro do orifício, removendo o excesso de plástico.

Outras aplicações para sacolas PE refecháveis incluem embalagens de alimentos prontos para consumo, leite em pó, alimentos frescos, frutas, vegetais, biscoitos, pizzas, carnes e frutos do mar. A sacola é feita de material 100% natural. As características da sacola abrangem: embalagem higiênica com faixa de segurança (*tamper-evident*); transparência e brilho;

superior resistência e tenacidade; possibilidade de refrigeração; aumento de vida de prateleira de perecíveis e adequação para produtos oleosos.

Sacolas encolhíveis a vácuo são crescentemente vistas como o meio perfeito de embalagem para muitos alimentos rotulados de perecíveis, como carne *in natura*, carnes processadas e defumadas e queijo. Essas sacolas multicamadas espessas oferecem excelentes propriedades de encolhimento, lacre de segurança, alta resistência mecânica e boa transparência.

Algumas sacolas encolhíveis a vácuo têm propriedades de alta barreira, enquanto outras proporcionam taxas controladas de permeabilidade. Características de valor agregado, como sistemas fáceis de abrir e fechar, são também disponibilizadas por parte de alguns fabricantes.

Sacolas e *casings* encolhíveis e tratáveis por calor são destinadas para o cozimento e pasteurização a vácuo de produtos processados de carnes e aves. Elas melhoram significativamente a qualidade do produto, prolongam sua vida na prateleira e aumentam seus rendimentos.

Embalagem *bag-in-box* ("sacola na caixa")

Originalmente desenvolvida pela empresa alemã Scholle, na metade do século XX, como um recipiente descartável para eletrólito de bateria de ácido sulfúrico, esse sistema único de embalagem compreende uma bolsa flexível com um bico dentro, suportada por um rígido recipiente.

A embalagem *bag-in-box* oferece benefícios substanciais em relação a recipientes rígidos tradicionais, como frascos, latas, baldes, tambores ou tanques, a saber:

- Custo mais baixo *versus* recipientes rígidos reusáveis.
- Descartável, de modo que elimina custos de transporte e limpeza associados a embalagens retornáveis.
- Redução da fonte de material de embalagem: normalmente requer 20% do peso do vidro equivalente e 50% do peso de 10 latas.
- Colapsável, de tal modo que bolsas vazias ocupam menos espaço de armazenagem, transporte e aterro que recipientes rígidos.
- Mais limpa e segura para usar porque o produto se mantém selado até que a sacola seja esvaziada.
- Protege melhor o produto por meio do uso de materiais de alta barreira.
- Conecta-se rápida e facilmente a uma variedade de *dispensers*.

A tecnologia *bag-in-box* é usada em um grande leque de aplicações de alimentos, bebidas e produtos não alimentícios.

Embalagens *stick packs* ("tipo palito")

A procura por essas embalagens foi crescente em resposta à elevada demanda de empresas alimentícias de molhos, maionese e vinagre, além das usuais, como do café, açúcar, cremes e produtos instantâneos. Empresas voltam-se crescentemente à embalagem de unidades para líquidos, assim como para pós, descobrindo que podem fazer uma economia de material acima de 45%, em comparação com os tradicionais sachês de selagem de quatro lados. Isso estabeleceu a embalagem ideal como a de porção única para produtos em pó.

Em 2001, a Kraft Foods introduziu o café Kenco Rapport para apelar ao que a empresa descrevia como "gente a caminho" (*on the go*). Antes do lançamento houve uma pesquisa de amostragem em 3,25 milhões de lares e uma campanha em cartazes.

Os pacotes, que se assemelham a um grande maço de cigarros, contêm 20 *sticks* individuais de café instantâneo Kenco Rapport e destinam-se ao mercado de consumidores mais jovens. Os pacotes de *sticks* provaram ser populares na França, país em que foram lançados em 1996.

A Kraft produz 1 milhão de unidades (*sticks*) por semana na sua fábrica Banbury em uma máquina de alta velocidade. O produto compete agora com outro café de peso: pacotes de *sticks* de Nescafé, da Nestlé.

O mercado-alvo da Kenco Rapport são jovens de 16 a 34 anos. A empresa acredita que foi bem-sucedida ao procurar consumidores mais jovens. Mais de 5 milhões de libras foram gastas em publicidade, em 2001, e uma terceira campanha publicitária está em andamento.

Essa é a primeira vez que a tecnologia *stick* – usada principalmente para distribuir açúcar – foi utilizada para vender café em pequenas unidades. O potencial para unidades de dose única no setor de café foi comparado à chegada de novos tipos de embalagem no mercado de refrigerantes.

As vantagens da embalagem não são somente apreciadas pelas empresas de bebidas. Há claro indício de que embaladores de produtos de cuidados pessoais e farmacêuticos começam a reconhecer as muitas vantagens da estanqueidade superior para líquidos, tais como: facilidade de uso e forma amigável para o usuário final; excelente economia do consumo de filme em relação às bolsas convencionais.

Dispositivos refecháveis (*reclosable devices*)

O desenvolvimento de tecnologia para refechamento é um tema emergente na indústria da embalagem flexível. Houve um notável aumento de demanda do consumidor por produtos refecháveis e o crescimento no setor é bastante alto. A razão para isso é que, como os consumidores demandam mais produtos "convenientes ao usuário", são cada vez mais relutantes em trocar um recipiente por outro durante o tempo de vida do produto, preferindo, em vez disso, irem diretamente da primeira embalagem ao descarte.

Há uma série de dispositivos de embalagem flexível refechável (*reclosable*) no mercado, embora a EasyPack, da Amcor Flexibles Europe, seja talvez uma das mais conhecidas. Uma ilustração do conceito EasyPack é mostrada na Figura 5-8. Em 2002, a finlandesa Valio Oy Vantaa, de laticínios, escolheu o sistema EasyPack para conservar seu queijo fresco. EasyPack é uma bolsa plástica de laminado de alta barreira com um sistema de resselagem inovador desenvolvido pela Danisco, a qual, com a Ackerlund & Rausing, foi adquirida pela Amcor em junho de 2001. A estrutura laminada de tripla camada de alta barreira forma uma sobreposição que se desprende facilmente e é refechada por meio de uma tira adesiva. A embalagem é impressa ao reverso em rotogravura de oito cores sobre uma prensa Windmöller & Holscher.

Figura 5-8
O conceito por trás do sistema EasyPack, da Amcor Flexibles Europe

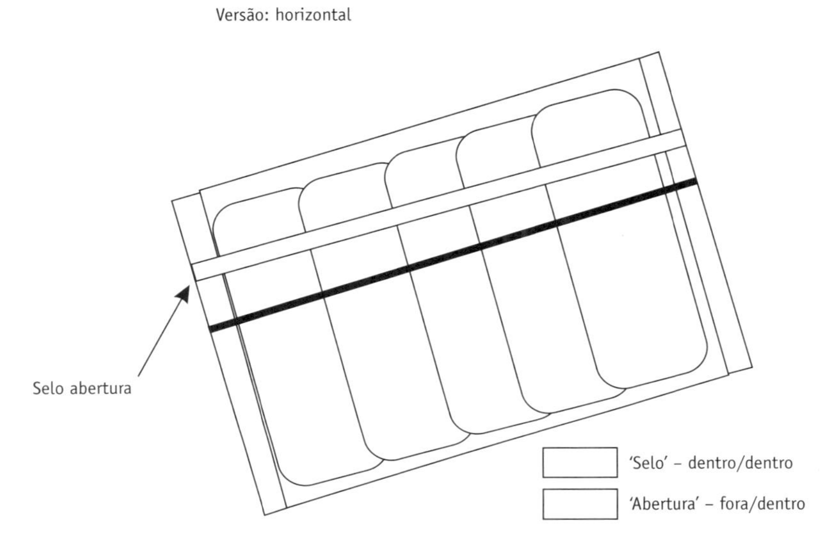

Fonte: Pira International Ltd

Outros exemplos abrangem múltiplos sistemas colantes autoadesivos de refechamento. Um deles é o Pak-Seal, disponibilizado pela Di-El Ltd. Essa tecnologia patenteada é aplicável a embalagens flexíveis (laminado, multicamadas, polietileno etc.) de alimentos, tabaco e outras indústrias.

As principais vantagens do sistema são:

- O consumidor não pode desprender o colante de refechamento – embora a bolsa possa ser aberta e fechada ao longo da expectativa de vida do produto.
- O tamanho do colante não coincide com nenhuma outra área impressa na bolsa e é destinado para encaixar na costura da isolação ou em qualquer outro local desejado.
- O colante não aderirá a qualquer outro pacote na mesma caixa – ele é completamente autocontrolado e inclui instruções de uso.

A embalagem flexível refechável proporciona uma solução necessária para a "conveniência a caminho" e encontra aplicação entre os *multipacks*. Em 2001, uma bolsa plástica multiembalagem para petiscos de carne, da Armour Big Ones, ganhou um prêmio FPA por sua embalagem refechável. (De sete ganhadores na categoria Packaging Excellence, da Packaging Achievement Awards da FPA 2001, não menos que quatro tinham desenho de refechamento de zíper. Dois eram aplicados em linha pelos sistemas FFS e dois chegam em bolsas plásticas pré-fabricadas.)

Anteriormente, petiscos de carne estavam disponíveis somente em recipientes de porção única, não refecháveis ou em multiembalagens em latas.

As embalagens são destinadas a consumidores que pagam um prêmio pela conveniência. Elas são feitas de estrutura de ultra-alta barreira de 60 mm e cada uma contém praticamente todos os materiais de barreira (exceto folha de alumínio) necessários para conseguir alta qualidade e uma longa vida na prateleira. De fora para dentro, a estrutura consiste de náilon impresso no reverso, biaxialmente orientado e revestido com PVdC. A American National Can converte e imprime em flexo o filme em sete ou oito cores dependendo da variedade. As bobinas são embarcadas à Kapak para aplicação do zíper e transformação do filme em bolsas plásticas pré-fabricadas. Os zíperes são fornecidos pela Minigrip/ZipPak.

Embora zíperes refecháveis sejam comuns em muitos sistemas de embalagem flexível, fazer o rasgamento inicial pode, muitas vezes, ser difícil. Frequentemente, embalagens não rasgam facilmente ou o rasgo simplesmente se propaga na direção errada. Uma solução para isso é fazer o picote a *laser*. Tal processamento libera um facho de *laser* bem focado para vaporizar uma estreita faixa ao longo do filme, resultando em uma linha de debilidade que provoca um rasgo. A profundidade do picote pode ser precisa, muitas vezes deixando a camada de barreira intacta, mantendo a resistência da embalagem. Uma linha de rasgo a *laser* associada à possibilidade de refecho responde à demanda do consumidor por conveniência, bem como à necessidade do produtor de preservar a qualidade do alimento e à exigência do conversor/transformador no que diz respeito à integridade da embalagem. O processo é repetitivo, limpo, rápido e fácil de se ajustar a uma variedade de materiais.

Como alternativa ao fechamento de zíper tradicional, em 2001, a SIG Pack introduziu o Easy Snap (estalo fácil), novo tipo de embalagem flexível e refechável. Diferentemente do fechamento a zíper, o Easy Snap consiste de dois "trilhos" rígidos que percorrem a largura da bolsa. Esses trilhos, que abrem e fecham quando pressionados juntos em qualquer ponto, eliminam a necessidade de a pessoa tatear, por meio da largura da bolsa, como ocorre com a embalagem a zíper.

De acordo com a SIG Pack, o Easy Snap ajuda a manter o produto fresco por mais tempo, além de minimizar o risco de infestação por insetos. O módulo Easy Snap da SIG pode ser adequado para as atuais máquinas FFS verticais.

Latas flexíveis

Embora muito do interesse em bolsas plásticas verticais (*stand-up pouches*) tenha sua origem em suas potenciais aplicações em câmara fria, como para sopas frescas, outra tendência é o desenvolvimento dessas bolsas para produtos com vida mais longa na prateleira. As características dessas novas bolsas plásticas verticais têm levado algumas indústrias a chamá-las de "latas flexíveis". Elas apresentam novas oportunidades de *branding* para abastecedores e, ao mesmo tempo, são autoclaváveis (*retortable*), como as latas, e, muitas vezes, empilháveis e refecháveis. Essas bolsas também começam a avançar sobre a fatia de mercado do vidro e, em particular, dos materiais metálicos de embalagem.

Talvez uma das mais significativas aplicações da bolsa flexível vertical no contexto de produtos de longa vida de prateleira tenha sido a embalagem de pescados, principalmente atum. Espera-se que as bolsas plásticas flexíveis apresentem um significativo crescimento a curto e médio prazo. Mesmo que essas embalagens flexíveis esterilizáveis ao calor sejam mais caras que atum enlatado, elas aumentam sensivelmente a qualidade do produto, reduzindo o tempo de cozimento e o montante de água envolvida. Comida de cães e gatos (*pet*) e sopas são também mercados crescentes para enlatados flexíveis.

A Pechiney Soplaril Flexible Europe é um dos fornecedores líderes de bolsas plásticas verticais na Europa. Lançada na Interpack em 2002, a lata flexível (*retortable*) da empresa é promovida como uma alternativa à lata tradicional e tem um amplo leque de usos finais, tais como: sopas e molhos, vegetais cozidos e carnes, frutos do mar, *pet food* e outros alimentos. Latas flexíveis oferecem as seguintes vantagens:

- Preservam o sabor e a textura devido à rapidez de autoclavagem e ao uso de materiais de alta barreira.
- Possuem apelo ecológico devido ao seu tamanho e peso reduzidos.
- Possuem maior área para a comunicação visual da marca.
- Suas paredes mais finas permitem esterilização mais rápida e eficaz.
- São práticas – fáceis de abrir e fechar, e de serem usadas em micro-ondas.

Outro exemplo de lata flexível é a Flexcan da Amcor Flexibles Europe, uma bolsa vertical sextavada desenvolvida em associação com a Rovema Verpackungsmaschinen. Uma ilustração da FlexCan é mostrada na Figura 5-9.

Assim como muitos tipos de latas flexíveis, uma das vantagens-chave que a Flexcan tem é que ela proporciona oportunidades adicionais de comunicação da marca. Seu formato cuboide permite imprimir dos quatro lados, sem qualquer interrupção do trabalho gráfico, o que pode ocorrer com selos de barbatana, selos-base e pregas de fechamento.

Figura **5-9**
A família FlexCan da Amcor

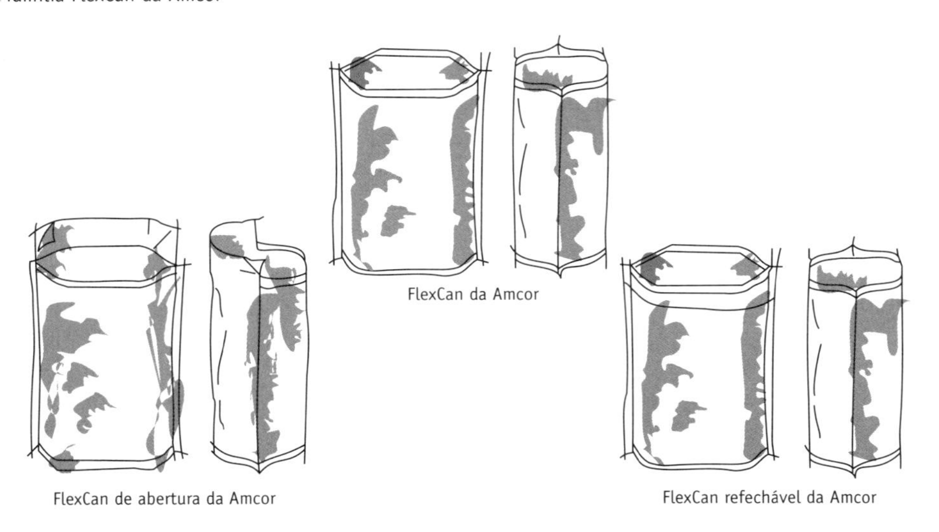

Fonte: Pira International Ltd

Outros benefícios atribuídos à FlexCan são:

- Pode ser colocada em posição vertical nas prateleiras e ser empilhada.
- A versão refechável (*reclosable*) pode ser enchida em 80% de seu volume; a de abertura (*peelable*), em 99%.
- Mantém seu formato durante toda a vida útil.

Em fevereiro de 2002, a Amcor Flexible Europe anunciou a primeira aplicação comercial da FlexCan, pela Borges da Espanha, para a embalagem de dez variedades de nozes. Ela foi seguida em maio pelo lançamento da Hula Hoops Shoks, da KP Food, no Reino Unido.

Embalagens formatadas

Embalagens formatadas especiais, como luvas, arranjos de flor, sacolas de fundo redondo e bolsas verticais com características refecháveis são crescentemente usadas, em particular no setor de presentes. O setor de cosméticos é outro importante mercado para sacolas formatadas.

As luxuosas embalagens de perfumes e cosméticos têm pouco em comum com a humilde caixa de papelão e as sacolas formatadas promocionais são instrumento-chave do marketing para produtos cosméticos. Uma fabricante de embalagem, a PAK 2000, prestigiada divisão da Asian Pulp and Paper, trabalha com uma série de grandes marcas de beleza, incluindo Ralph Lauren, Estée Lauder, Elizabeth Arden, L'Oréal, Shiseido, Cartier e Matrix. A empresa produz sacolas com alta visibilidade, forte reconhecimento de marca e baixo custo de unidade.

A consolidação na indústria de cosmético teve efeitos de longo alcance em numerosos provedores de embalagem e beneficiou grandes *players,* como a PAK 2000. Essas grandes corporações preferem usar fornecedores que têm a capacidade de produzir seu programa por inteiro e em âmbito mundial em um mesmo teto.

A Araidena, especialista francesa na confecção de embalagem de luxo, incorpora inovações como PP, têxteis, materiais não tecidos e papelão entre as embalagens formatadas para perfumes Hermès e Thierry Mugler. Bolsas trapezoidais e triangulares estão disponíveis em várias cores.

A Clarifoil, especialista na laminação de acetato para impressão, embalagem e rotulagem, produz embalagens para a indústria de cuidados pessoais e, recentemente, revelou uma nova linha de embalagens formatadas para o setor de embalagem de beleza.

Sacaria

Alternativas plásticas de embalagem são destinadas para deslocar embalagens multiparede, de acordo com um novo relatório da PRA e da Industrial Handling Engineers, de Houston. Avanços nas resinas plásticas, nos filmes plásticos e nas tecnologias FFS abrem novas oportunidades para a sacaria industrial, no sentido de substituir embalagens multiparede em suas atuais fortalezas de mercado, como cimento e comida *pet*.

Muitos desses avanços surgem dos melhores desempenhos oferecidos pelas famílias de resinas de plastômeros, metalocenos e PEAD de alto peso molecular. Novas classes vindas de fabricantes de resina permitem criar filmes mais tenazes, de selagem mais rápida e mais rígidos. Para a indústria de sacaria industrial, esses melhoramentos oferecem oportunidades de redução de espessura, criação de filmes de melhor performance para novas aplicações, além de aumentar a velocidade de linhas de produção de bolsas, sacolas e FFS.

Avanços são declarados apenas como a ponta do *iceberg*. Para os embaladores que atualmente usam sacolas de papel multiparede para sacos de 20 a 60 libras (de 7,5 a 22,4 kg) na maioria de suas aplicações de embalagem, a mudança para linhas FFS ou sacolas plásticas pré-fabricadas vai reduzir custos.

A economia do FFS é enunciada pelo estudo como bastante expressiva quando comparada a linhas de embalagem multiparede. Por exemplo, o período de retorno para substituir uma atual linha de embalagem multiparede por uma linha FFS em um cenário é, segundo o estudo, de somente um ano.

Sacos de ráfia de PE e PP já são muito usados. O crescimento da demanda por embalagens de papel e papelão é prevista em 2% ao ano, mas firmes perdas de 1,9% ao ano são esperadas para o papel usado em sacolas de supermercado nos EUA, pois sacos plásticos ganham uma fatia considerável do mercado. Como equivalente moderno do saco "hessian", sacos de tecidos de PP são usados hoje em um amplo leque de operações comerciais. Eles oferecem vantagens significativas sobre sacos de papel e polietileno, em termos tanto de resistência quanto de durabilidade, e seu avanço de custo, quando comparado com o do "hessian", significa que o mercado de saco PP – principalmente o agrícola, de engenharia, postal, arquivo morto e muitos outros setores industriais – é saudável.

Sacos de PE

Sacos de PE FFS oferecem benefícios substanciais para clientes que embalam produtos em equipamentos completamente automáticos, de alto volume e alta velocidade, sem necessidade de supervisão constante. O sistema FFS é útil para a embalagem de produtos químicos, comida *pet* seca, areias minerais e resinas plásticas.

O sistema FFS oferece os seguintes benefícios:

- Excelente proteção contra fontes de umidade e contaminantes.
- Alta estabilidade de carga de palete sem necessidade de muitos métodos de estabilização de carga.
- Cargas de palete altamente eficientes, o que ajuda na maximização da utilização de áreas de armazenamento.
- Propriedades superiores de resistência de filme satisfazem as exigências de manipulação manual.
- É 100% reciclável.

Sacos de PE *heavy duty* (normas de segurança)

Sacos *heavy duty* são designados para satisfazer a demanda de exigências de manipulação manual e processos automáticos. Esses sacos são destinados, com melhores propriedades de impacto e resistência a rasgos, para cobrir um vasto leque de aplicações de uso final. Eles são usados para produtos químicos, comida *pet* seca, areias minerais e resinas plásticas.

Sacos *heavy duty*, segundo declarações, oferecem os seguintes benefícios:

- Excelente proteção contra fontes de umidade e contaminantes.
- Laca antiderrapante transparente impressa na superfície do filme melhora a característica de baixo deslizamento, proporcionando uma estabilidade maior para o saco quando paletizado e transportado.
- Superfície de impressão superior, quando comparada com o papel e PP (tecido de ráfia), proporcionando excelente receptividade para imagens impressas, destacando marcas comerciais e logos de empresa.
- São 100% recicláveis.

Multiembalagens

Mudanças de estilos de vida do consumidor contribuem para o crescimento de multiembalagens para petiscos e alimentos prontos para comer. Os consumidores possuem vidas movimentadas e, portanto, buscam produtos de conveniência. Fazer lanches e se alimentar fora de casa é um hábito cada vez mais frequente nos dias de hoje. O tempo de refeições formais está diminuindo e substitutos para estas tornam-se comuns. Todas essas mudanças contribuem para o crescimento estável desse mercado.

Uma iniciativa recente é a multiembalagem de quatro porções de presunto distribuída pela Sainsbury's. Um presunto defumado curado a mel é fornecido em quatro formas perfuradas adjacentes. As quatro embalagens somam 300 g e o fato de ser possível abri-las individualmente permite que as demais porções de presunto não sequem, proporcionando aos clientes a segurança necessária para comprar embalagens maiores.

As embalagens de confeitos também seguiram essas tendências, o que resultou no elevado uso de multiembalagens opacas em supermercados. No mercado de confeitos, multiembalagens em faixas, com cada faixa para um produto diferente, agora se tornam populares. Multiembalagens crescem sendo usadas também no mercado. Até dez anos atrás, as embalagens de suplementos alimentares, de um modo geral, consistiam somente de rótulo colado em um frasco simples. Agora, alguns fabricantes de complementos nutricionais trabalham para criar multiembalagens, embalagens de *blister* e bolsas plásticas, o que, com mais segurança, pode ajudar aqueles que tomam vários complementos todos os dias a organizar sua dieta. Um exemplo de embalagem de *blister* é mostrado na Figura 5-10.

Usar multiembalagens também faz sentido para a indústria, porque muitos consumidores tomam pequenas porções de vitaminas ou complementos nutricionais várias vezes ao dia. Em vez de carregar seis diferentes frascos, você pode ter uma bolsa com múltiplas vitaminas e complementos.

Embora esse tipo de embalagem seja popular na Europa, no Japão e nos EUA, os frascos ainda dominam no setor de embalagem. O movimento em direção a *blisters,* por parte de empresas farmacêuticas éticas, é normalmente de conformidade legal. Produtos nutracêuticos sofrem menos burocracias nas regulações da FDA.

Outro mercado-chave para multiembalagens é o de bebidas. Vendas desse tipo de embalagem apresentam crescimento constante nos supermercados de bebidas, tanto alcoólicas

Figura 5-10
Estrutura do filme para embalagens *blister* de produtos farmacêuticos

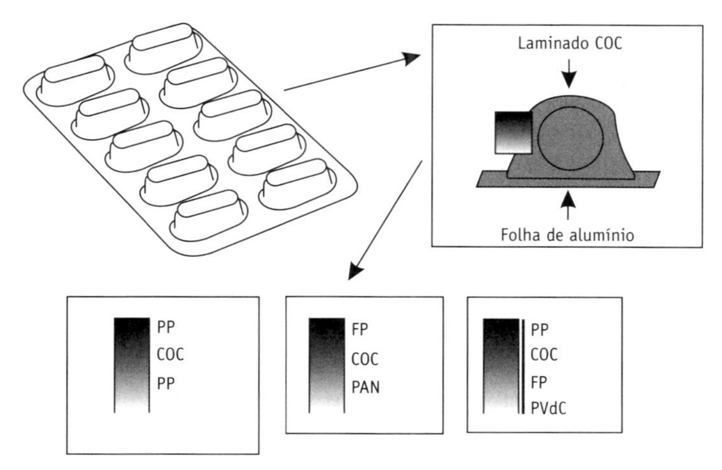

Fonte: Pira International Ltd

como não alcoólicas. E, em datas especiais, elas tendem a crescer ainda mais. Por exemplo, vendas de bebidas em multiembalagem dispararam durante as celebrações do milênio e da Copa do Mundo de 2002.

De acordo com analistas, o preço competitivo de multiembalagens de cerveja enlatada em mercearias levou ao substancial aumento em vendas comparado com vendas de bebidas avulsas.

Promoções de multiembalagem têm ajudado a aumentar as vendas de todos os tipos de bebidas, em particular de bebidas de *designer* (estilista). Uma das principais razões de as multiembalagens terem conquistado participação no mercado de cervejas e refrigerantes em lata é porque elas são vendidas a preços competitivos.

O mercado de biscoitos é um dos mais diversificados e fragmentados nas gôndolas de bens de consumo de alto giro (FMCG) – e é o maior usuário de multiembalagens. Muitos tipos de materiais de embalagem são usados para biscoitos – caixas de papel laminado com alumínio, caixas de papelão, PVC, PE, PP *cast* etc. –, mas os três materiais dominantes são PP orientado (OPP), papel e papelão.

O OPP é o material de embalagem de mais rápido crescimento. Crescimento orgânico, substituição e inovação levando ao crescimento para cerca de 4% a 6% ao ano. Nos últimos anos, os maiores mercados para biscoitos são os EUA, o Reino Unido, a Alemanha e a França.

Empresas como Danone, United Biscuits, Bahlsen, Nabisco, Barilla e Griesson têm comercializado mais embalagens de porção única ou multiembalagens. Multiembalagens com biscoitos embalados individualmente, bem como bolsas plásticas verticais feitas de OPP, estão se tornando cada vez mais populares.

Multiembalagens também ganham popularidade nos EUA e na Europa: são usadas para a embalagem de bebidas lácteas, como iogurte líquido. Na França, a Yoplait introduziu pela primeira vez uma multiembalagem para iogurte de beber, e, nos EUA, a Parmalat, com sua tecnologia asséptica de processamento e embalagem, introduziu uma alternativa às tradicionais bebidas longa vida que vão nas lancheiras. A empresa trabalhou em equipe com a Sesame Workshop/Columbia Tristar Television Distribution para licenciar o uso de *Dragon Tales* e seu logo em caixas de leite de 1 *pint* (473,2 ml).

As caixas de leite são vendidas em três embalagens, exatamente iguais às de suco, e são colocadas próximas destas nas gôndolas dos mercados. A Parmalat explora o uso de multiembalagens maiores para estoque.

Filme de envolvimento (*wrapping*)

Filmes de envolvimento encolhíveis e esticáveis (*shrink* e *stretch*) são usados para o envolvimento manual e automático de cargas de produtos. Há um leque de filmes esticáveis disponíveis a um custo competitivo e que oferecem a proteção e a estabilidade exigidas durante a estocagem ou o trânsito de cargas.

Embalagens secundárias encolhíveis são uma forma rápida e barata de envolver qualquer produto, independentemente da sua forma, com um envoltório plástico resistente e transparente. Embalagens encolhíveis são usadas para cobrir vários produtos, como caixas de confeitos, vídeos, mercadorias de presente, itens de *hardware*, brinquedos e remédios.

Há dois passos distintos para embalar dessa maneira: envolver o produto em filme encolhível e expor o filme ao calor para fazê-lo encolher.

A produção de embalagens encolhíveis é realizada por um selador a calor "L" e por um túnel de encolhimento munido de correia transportadora. Para a produção de menor volume, um selador "compasso" de único braço e um dispositivo de encolher podem ser usados para produzir resultados idênticos a taxas mais lentas de produção.

Quando o filme termoencolhível é fabricado, basicamente ele é esticado como uma fita elástica e mantido "congelado" nesse estado; e quando o calor é aplicado, o filme retorna ao seu tamanho original. O filme é dobrado ao meio de tal forma que há duas folhas com uma extremidade dobrada ao longo da parte traseira do rolo. Esse filme existe no mundo inteiro.

O filme soprado altamente elástico é adaptável a um vasto leque de aplicações de envolvimento à máquina núcleo-freio (*core-brake*), incluindo operações na indústria de papel ou no setor de distribuição, em que a resistência do filme e a estabilidade da carga são de importância primordial.

Filmes planos coextrudados têm excelentes propriedades de tração, idealmente adequadas a aplicações à máquina tipo centro-freio em um vasto leque de setores de mercado. Esse filme é destinado a máquinas semiautomáticas de plataforma giratória e possui propriedades de alto desempenho e capacidades de potência pré-esticável acima de 150%.

Filmes planos coextrudados têm uma taxa de estiramento média acima de 300%. Eles são ideais para máquinas semi e completamente automáticas que usam sistema de pré-estiragem que produz o filme com maior economia e melhor estabilidade da carga. Para aplicações de baixo volume, sistemas manuais estão disponíveis em várias empresas.

Termoencolhíveis (*shrink sleeves*)

O mercado de termoencolhíveis cresce a uma taxa significativa com alguns prognósticos que estimam um crescimento acima de 20% ao ano. O leque de usos finais se estende de frascos e jarros até novas áreas, como refeições prontas, laticínios e higiene bucal, entre outros. Muito do crescimento se deve ao fato de que termoencolhíveis (*shrink sleeves*) oferecem tanto tampamento de segurança (*tamper evidence*) como maior destaque da marca, por meio de tintas metalizadas ou impressão UV. Termoencolhíveis servem também para reduzir o peso de embalagem de vidro.

Em resumo, termoencolhíveis suprem muitas das necessidades por embalagens inovadoras, pois podem proporcionar gráficos de 360° resistentes a arrastamentos e deformação. O interior do termoencolhível também pode ser impresso com um mínimo de distorção de impressão. As características dos filmes usados permitem que eles encolham primariamente em uma direção, quando aquecidos, de tal forma que o termoencolhível se ajuste exatamente à forma do produto.

Os benefícios dos termoencolhíveis são:

- Podem proporcionar de 8 a 10 cores (ou mais).
- Gráficos de 360° resistentes a arrastamentos.
- Padrão desenhado para especificações exatas.
- Rolo acabado, cortado ou pré-formado.
- Acomodam perfurações, tampas de estirar e fita de estirar.
- Um leque de usos promocionais ou incentivados – multiembalagens, ofertas especiais, faixas, decoração sazonal, comprovação de vendas etc.
- Lacres e selos de segurança (*tamper-evident seals*).
- Ideais como rótulo primário.

O mercado de termoencolhíveis é dominado pelo PVC, que tem 90% da fatia de mercado. Entretanto, por uma variedade de razões, incluindo custo, questões ambientais e a introdução de novos e melhores tipos de filme, o PVC hoje tem bastante concorrência. Outros tipos significativos de filme nesse mercado incluem PETG (copolímero de ácido tereftálico/etileno glicol/tereftalato-glicol), OPP e OPS. Filmes de poliolefinas não são usados para termoencolhíveis, porque seus níveis de encolhimento são baixos. Contudo, eles são usados em rotulação tipo luva não encolhível.

Rótulos de termoencolhíveis para PET e outros recipientes que contornam todo o corpo da embalagem foram por algum tempo populares entre os embaladores, porque aumentam o apelo na prateleira de varejo e estimulam o impacto da marca. Termoencolhíveis de PVC foram anteriormente considerados ideais devido ao seu alto encolhimento recuperável, que permite aplicação em recipientes com contornos complexos e severamente cônicos, com nenhum efeito adverso na comunicação gráfica. Contudo, termoencolhíveis de PVC apresentam preocupações de reciclagem, principalmente na Europa.

A separação de recipiente e rótulo (*sleeve*) que contém tinta por meio de métodos de flotação é de todo impossível em operações de reciclagem, porque as densidades de PET e PVC são semelhantes. Uma empresa, a Ticona GmbH, resolveu a questão por meio do desenvolvimento de filmes de copolímero cíclo-olefínico (COC) com alto encolhimento recuperável. Como o COC tem densidade menor que 1, a separação por flotação de recipientes PET é facilmente obtida. Misturas com PE oferecem oportunidades de redução de custos.

Embora recentemente a UE esteja adotando uma atitude menos hostil sobre o PVC do que durante os anos 1990, quando países na região da Escandinávia e da Alemanha adotaram medidas drásticas em relação a ele em muitos setores de uso final, o OPS acabou tomando uma fatia de mercado do PVC. Atualmente, os filmes de poliestireno orientado (OPS) são utilizados para termoencolhíveis decorativos e selos de segurança para gargalos de frascos de bebidas. Eles servem também como membrana de tampamento, unificando o material do tubo e do filme de tampamento, o que facilita a reciclagem. O uso cresce em áreas em que os filmes de PVC têm sido tradicionalmente aplicados. Cerca de 35% dos filmes de PVC são usados como envolvimento para carne, por exemplo, incluindo também envolvimento para papelão, filmes, torção para balas e bombons, e embalagens médicas.

Enquanto o PVC tem sido o material de escolha para rótulos termoencolhíveis e bandas de segurança, novos materiais, como PET, OPS e OPP amorfos, criam rótulos vibrantes e totalmente recicláveis. O OPS, substrato principal para rótulos no Japão, foi recentemente introduzido nos EUA.

Filmes como OPP também custam menos que os de PVC, o que resulta em uma estimulante economia de cerca de 30% no custo da embalagem. Economias adicionais podem ser realizadas no processo de conversão de rótulos convencionais para *sleeves* termoencolhíveis. Uma empresa dos EUA declara que uma economia geral acima de 2 centavos de dólar por recipiente de 160 oz (498 g) pode ser obtida, mudando para OPP e utilizando o sistema de decoração de contorno.

O mercado de rótulos

A rotulagem termoencolhível é identificada como o método de rotulagem de maior crescimento na Europa: acima de 20% ao ano. O maior consumo de termoencolhíveis está em garrafas de bebidas e lacres de segurança.

A demanda europeia de rótulos é de cerca de 68 bilhões de pés quadrados (6,3 bilhões m^2), e os rótulos termoencolhíveis constituem cerca de 0,17 bilhão m^2. O mercado para rótulos termoencolhíveis cresce 15% ao ano em termos de cobertura, embora a tonelagem venha a crescer mais lentamente, devido às reduções de espessura de substratos e aos filmes de menor densidade.

O mercado primário para termoencolhíveis é o de recipientes de uso individual e os maiores mercados geográficos são o Reino Unido e a França. Mercados emergentes incluem Alemanha, Áustria e países do Mediterrâneo.

O rótulo termoencolhível de pleno corpo, uma tecnologia que poderia ser classificada como um rótulo híbrido/embalagem flexível, encontrou forte nicho em frascos contornados. Termoencolhíveis dão aos "marqueteiros" mais opções que o rótulo simples de lados paralelos e melhoram sensivelmente o visual da embalagem na prateleira. Além disso, as latas de aerossol e de café, antigamente feitas de metal impresso em *offset*, agora frequentemente ostentam películas plásticas que envolvem todo o seu contorno. Esse desenvolvimento cria a expectativa de proporcionar significativas vantagens de custo às empresas com variadas linhas de produto e reduzir custos de inventário.

As empresas de embalagem confiam cada vez mais em embalagens temáticas, intrigantes, para melhorar, diferenciar e estender a força da marca. Rótulos termoencolhíveis coloridos são populares em refrigerantes e outros produtos engarrafados, mas o processo é caro.

A impressão de rótulos termoencolhíveis (*sleeve*) é tradicionalmente feita por rotogravura, mas a flexografia está se tornando cada vez mais popular entre os fabricantes. Isso porque as melhorias tecnológicas ajudam os produtores a imprimir em flexografia com qualidade de rotogravura.

6

impressão em **embalagem flexível**

Na Europa, a impressão digital, a flexografia, a rotogravura e a impressão *offset* são todas usadas nas embalagens flexíveis. Os fatores que determinam qual impressão vai ser ou não utilizada são custo e aplicação. A impressão *offset* é ideal para imprimir bens de alta qualidade embalados flexivelmente, de baixa tiragem e de rápido retorno. Além de produzir uma qualidade semelhante à rotogravura, é um processo mais rápido e barato.

A impressão digital é usada quando soluções para o difícil casamento entre a produção e a customização de massa são requeridas. Devido a essa demanda, nota-se um aumento vertiginoso no número de editoras digitais sendo instaladas nos últimos anos.

Figura **6-1**
Esquematização de uma unidade de impressão rotográfica

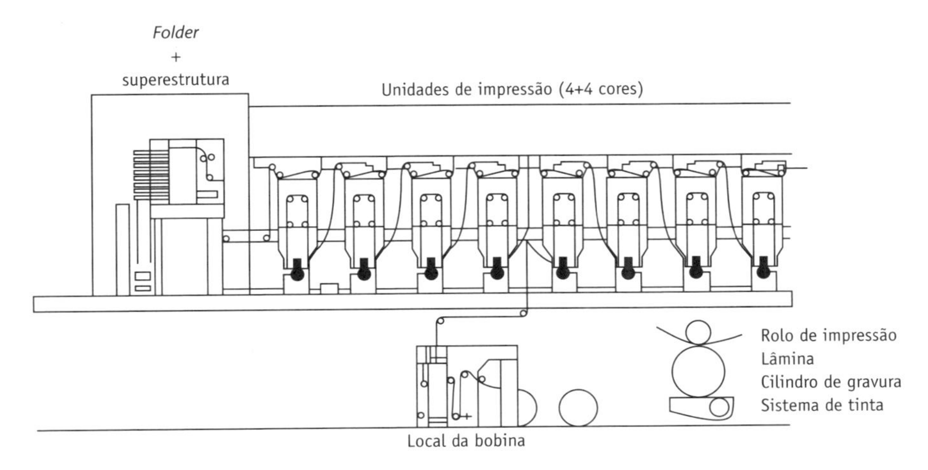

Fonte: Pira International Ltd

A rotogravura e a flexografia, por sua vez, geralmente são usadas para longas tiragens que precisam de menos mudanças gráficas. Conversores de flexíveis que usam flexo e rotogravura tendem a executar pedidos de alto volume para linhas de produto já consolidadas no mercado. Tradicionalmente, há diferenças de custo e qualidade entre rotogravura e flexo, mas estas são pouquíssimas.

Rotogravura

A rotogravura é um processo tradicional, utilizado há anos. Seu princípio básico consiste na gravação da imagem em um cilindro ou em uma película termoencolhível. Até recentemente, o processo de produção de uma forma de impressão era tanto custoso quanto demorado. Entretanto, com o advento dos termoencolhíveis, o custo de pré-impressão abaixou. Embora o valor de investimento seja um pouco mais alto que na flexografia, o custo da forma de imprimir digitalmente é competitivo.

O ponto-chave é que a rotogravura só pode ser usada para embalagens de alta qualidade e tiragem. Mas enquanto a qualidade "top" permanece uma característica da rotogravura, nos últimos anos, fornecedores europeus de cilindros de rotogravura têm sustentado ou reduzido seus preços. Portanto, o processo tornou-se mais competitivo, ao mesmo tempo que mantém sua reputação de qualidade.

Essa redução de custos deve-se a uma combinação de fatores, incluindo significativos investimentos em tecnologia de ponta por parte dos fornecedores de cilindros de rotogravura. Novas cabeças de gravação eletrônica, mais rápidas, proporcionam trabalhos melhores, com um processo mais avançado. As fábricas de cilindros mais modernas estão totalmente automatizadas, com robôs substituindo a mão de obra intensiva do processo. Com isso, reduziu-se o tempo de confecção dos trabalhos.

Custos de pré-impressão são citados muitas vezes como a razão para a escolha da flexografia em vez da rotogravura. Quando se compara flexografia com rotogravura, a análise de custos deve incluir alguns elementos, como a substituição da matriz ao longo da vida do projeto. A flexografia parece levar vantagem sobre a rotogravura se o desenho é impresso apenas uma vez, cerca de 5.000 m, mas a opinião varia de acordo com cada impressor sobre em que ponto desenhar essa fronteira. Geralmente, a maioria dos impressores de flexografia/rotogravura acredita que, depois da segunda partida de produção, a rotogravura é mais efetiva em custo que a flexografia. O mesmo *set* de cilindros de rotogravura durará a vida do projeto e dará consistência à produção.

Outra importante consideração é o número de cores requerido para produzir o projeto. Na maioria das vezes, a rotogravura vai necessitar de menos cores que a flexografia, o que também reduz custos. Tonalidades e brilhos, densos e sólidos, podem ter sua imagem gravada no mesmo cilindro, sem a necessidade de separá-los. Velocidades mais altas e baixo resíduo são outros fatores a favor da rotogravura.

Outra vantagem do processo de rotogravura é sua simplicidade. Uma vez que a impressão começa e está em execução, dificilmente acontece algo errado. Isso explica por que um número grande de impressores passa parte de seu trabalho tradicionalmente impresso em flexografia para a rotogravura.

Para trabalhos de agregação de valor em linha, várias operações são bem adaptadas ao processo de rotogravura: selagem a frio, PVdC, envernizamento, laminação, folheamento, tudo isso pode ser feito em alta velocidade na impressora.

Uma série de novos desenvolvimentos é esperada em um futuro próximo e deve ter um grande impacto sobre o processo de rotogravura. Tecnologia a *laser* já está disponível para gravar cilindros de rotogravura, embora ainda não esteja adaptável a todos os tipos de trabalho. A alta velocidade da produção de célula deve ser mais bem desenvolvida para tornar a rotogravura mais competitiva.

Um nova tecnologia de polímero produziu o chamado cilindro "plástico" de rotogravura – leve o suficiente para ser carregado com uma mão, porém extremamente robusto. O polímero também elimina alguns problemas inerentes ao uso do aço.

Essas tecnologias levarão algum tempo para se desenvolver e ter impacto sobre a indústria, mas uma nova e muito importante notícia é que, em breve, será lançado no mercado um simulador de rotogravura para embalagens.

O futuro da indústria de embalagens impressas em rotogravura aponta saudavelmente para os fortes mercados de rotogravura da China, da Malásia e a do Japão, que continuam a crescer. Nova tecnologia digital melhora o processo de rotogravura e abre novos mercados e oportunidades para o processo.

A indústria da rotogravura está programada para revelar uma hoste de novas tecnologias, incluindo um cilindro de rotogravura peso-leve. Após testes bem-sucedidos, a produção está em andamento nos mercados tanto dos EUA quanto da Europa. O novo cilindro peso-leve pesa de 9 a 10 kg para um cilindro com face de 1 m de comprimento, chegando a pesar 10 vezes menos que cilindros convencionais

Atualmente, várias empresas comercializam cilindros peso-leve, que estão encontrando seu caminho entre as fábricas de impressão. Um dos sucessos é o ROTAG (cilindros), dos EUA, que processou 12.000 cilindros até o momento. Uma *joint venture* entre Roller Technology, Keating Gravure e Libra Gravure trabalha com a intenção de melhorar o produto.

A produção está em andamento também no Reino Unido, em que houve excelente apoio visando à redução de peso, estocagem, manipulação e maior consistência de impressão. O tempo requerido para uma base de aço ser manufaturada e entregue, antes de o emplacamento e a gravação poderem começar, foi reduzido, pois bases plásticas são mais versáteis e facilmente disponíveis.

A eficiência do processo de fabricação de cilindros plásticos permite que sua produção leve de um a dois dias, diferentemente do prazo para o aço, que é de uma a três semanas. Isso reduz substancialmente o tempo de espera. No caso da flexografia, o preparo de um jogo de clichês levará um tempo maior.

Essa não é a única área em que a rotogravura percebe novos desenvolvimentos. Outra, por exemplo, é gravação a *laser*. Esse tipo de gravação é usada atualmente em três instalações: Illochrome (Bélgica), Bauer (Alemanha) e Keating Gravure (EUA).

A instalação da Bauer é, em primeiro lugar, para a rotogravura de publicações, e os resultados recentes são encorajadores. O sistema em Illochrome é uma fábrica *in house*. A empresa vem produzindo cilindros para embalagens impressas em rotogravura de alta qualidade – principalmente trabalhos de rotulação para suas próprias impressoras – em velocidade bastante alta nos últimos quatro anos.

A instalação na fábrica da Keating, nos EUA, agora completou intensivos programas de testes e vai rapidamente rumo à produção em escala. A Keating é uma empresa de gravação comercial, capaz de gravar cilindros para uma variedade de impressores e um vasto leque de produtos, por exemplo, selos e maços de cigarro, bem como projetos de embalagens-padrão. O sistema de gravação a *laser* é 34 vezes mais rápido que as máquinas de gravação atuais.

Não é apenas velocidade que o *laser* traz para o mercado. A qualidade de reproduções tonais e o trabalho de linhas são também significativamente melhores. Cilindros gravados a *laser* na Keating Gravure e impressos em uma das operações de impressão da Sonoco, também nos EUA, apresentam visíveis melhorias em relação aos cilindros gravados eletronicamente, em especial em áreas de vinhetas. Tal fato eliminou um fenômeno conhecido como granulação, que surge entre as áreas sólidas e tonais em que o sólido quebra em uma série de pontos.

Flexografia

A flexografia também fez um tremendo barulho no mercado de embalagem flexível, incluindo o que foi descrito como um salto em tecnologia, sobretudo em vista dos sistemas *computer-to-plate* (CTP) atualmente disponíveis.

Imagens feitas pelo processo flexográfico são o oposto das produzidas em rotogravura. Na flexografia, a forma ou película está em relevo e é feita de fotopolímero. As formas são produzidas individualmente e montadas usando-se fita com apoio em coxim, quer diretamente no cilindro, pelo tímpano, quer por meio da luva: uma recente inovação na qual a superfície de impressão é produzida em um cilindro.

Enquanto placas de impressão de fotopolímero com tinta transferida para a forma pela tinta anilina circulam desde os últimos anos da década de 1970, foi somente em meados dos anos 1990 que o processo se tornou competitivo em relação a outros processos. Infelizmente, os primeiros usos da flexografia deram ao processo má fama, fazendo com que, na época, fosse considerado de qualidade inferior.

Mas a despeito de ser, há muito, "olhado de esguelha" pela indústria de impressão, depois de duas décadas, o sistema flexográfico lentamente aumentou sua fatia no mercado de impressão – em grande parte, à custa da rotogravura e do *offset*, processos que viram sua fatia de impressão global diminuir de 75%, em 1985, para 67% em 1995. No mesmo período, a fatia da flexografia cresceu 33%.

Figura 6-2
Uma unidade de impressão flexográfica convencional

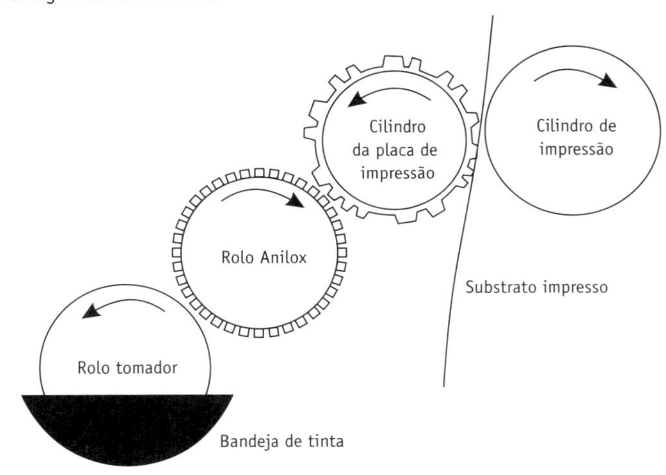

Fonte: Pira International Ltd

Uma pesquisa de mercado feita pela Pira sugeria que, por volta de 2005, a flexografia aumentaria sua fatia mundial de impressão de embalagens para 41% (em valor). Existe a expectativa de que a Europa seja uma das regiões de mais rápido crescimento desse tipo de impressão. Isso se deve principalmente ao fato de que o continente está à frente das mudanças de tecnologia em flexografia, mas também porque parte de uma base comparativamente baixa: a flexografia conta com 28% do mercado europeu de impressão de embalagens, em comparação com 70% na América do Norte.

Impressoras flexográficas *mid-web* e impressoras *offset* de imagem digital abrem suas portas para fabricantes de rótulos e impressores comerciais para se tornar conversoras/transformadoras de caixas de papelão dobrável. Enquanto isso, novos sistemas de pré-impressão eletrônica, especialmente CTP para flexografia, cortam drasticamente etapas e melhoram a qualidade de impressão para um crescente número de impressores de embalagem.

Tais operações tornam competitiva a impressão em "flexografia de alta definição" em relação ao *offset* e à rotogravura. Os usuários finais solicitam dados de controle de qualidade estatisticamente processados sobre a fabricação do produto. Consequentemente, conversores aplicam mais uso de automação de processo (equipamento e *software*) para conseguir uma qualidade maior a custos menores.

Impressoras *gearless*, que empregam cilindros individualmente dirigidos por servomotor, melhoram bastante a qualidade e diminuem os intervalos entre os trabalhos de impressão. Métodos revolucionários de laminação (*coating*), acompanhados de cura por radiação, estão também tornando possível a laminação/revestimento de alta velocidade a mais de 3.000 fpm (914 m/min).

A Europa está alguns meses na frente, uma vez que a maior parte dos desenvolvimentos na fabricação de placas e impressoras flexográficas vem da Europa Ocidental, principalmente da Alemanha.

Entretanto, esses ganhos ainda mantêm a flexografia longe de disputar com a rotogravura em termos de consistência de qualidade. Sua principal vantagem agora, e que tem sido assumida pela indústria, é que ela é barata. Mas os analistas da indústria de impressão dizem que há muito pouco para escolher entre as duas em um primeiro momento e, consequentemente, a vantagem está com a rotogravura.

Embora a flexografia seja o processo de impressão de maior crescimento, pode-se argumentar que ela é vítima de seu próprio sucesso, pois muita capacidade de impressão foi adicionada, mais do que a demanda esperada.

Novos desenvolvimentos e tecnologias de produto indicam que a flexografia necessitará tirar custos de seu processo. Ela tem sido sempre capaz de ganhar a fatia de mercado da rotogravura em razão do alto custo de produção de cilindros neste último método. Mas isso mudou e o custo de fazer cilindros de rotogravura está agora equiparado com os da flexografia. O desenvolvimento de clichês de flexografia, que não precisam de qualquer tipo de lavagem, e todos os outros processos que entram na produção de clichês são bem-vindos.

Contudo, o maior custo da flexografia é o do polímero e isso terá de diminuir significativamente se o mercado para esse processo pretende continuar a crescer. Porém, no fim de 2002, o custo de polímeros e de petróleo não mostrava nenhuma tendência de queda.

As transições também necessitam ser reduzidas substancialmente, pois impressos não fazem dinheiro quando parados. Fornecedores e impressores precisam trabalhar mais estreitamente entre si para conseguir maior redução de custos.

Offset

A impressão *offset* (litográfica) se baseia no princípio de que água e óleo não se misturam. Usando luz UV brilhante, a imagem é gravada em uma chapa de alumínio por meio de um negativo. Essa chapa é banhada em um produto químico que torna a imagem atrativa ao óleo e, consequentemente, à tinta. Água é usada para repelir a tinta oleosa quando ela não é desejada. Cada cor é adicionada ao papel separadamente, usando um diferente *set* de negativos e placas.

A impressão *offset* é, atualmente, a forma mais popular de impressão. Por se tratar de um processo caro, ele só é usado para a impressão de grandes tiragens. Esse tipo de impressão é um método de alta qualidade, capaz de reproduzir textos coloridos e pinturas sobre papel ou papelão. Ela é usada em embalagem, mas seus principais usos são revistas, capas de CDs, pôsteres e ingressos em geral.

Além disso, oferece a mesma alta qualidade da rotogravura, mas tem um desempenho mais rápido e custos de ferramenta mais baixos. *Lead times* podem ser cortados em mais de 50% e a impressão *offset* é reconhecida como a maneira mais rápida e mais efetiva em custo para:

- Grupos de múltiplos itens e múltiplas marcas.
- Melhorar e modificar a arte de embalagens conforme necessário.
- Permitir tiragens relativamente curtas.

- Manter estoques baixos.
- Minimizar riscos na introdução de novos produtos.
- Enviar produtos ao mercado mais rapidamente.
- Suportar extensões de linha.
- Orientar mercados de nicho.
- Divulgar promoções (*couponing*).

Chapas bimetálicas estão se tornando cada vez mais populares, pois impressores de embalagem começam a vê-las como um meio para criar excepcionais impressões de que seus clientes necessitam para estar à frente em mercados competitivos. Isso é percebido na produção de caixas de papelão dobráveis, caixas de papelão corrugado pré-impressas, embalagens flexíveis e bolsas multiparedes, particularmente em que partidas longas, solventes agressivos, substratos e tintas abrasivas estão envolvidos.

Placas bimetálicas, que imprimem a partir de uma superfície de cobre, são duráveis e compatíveis com um amplo leque de solventes e tintas. Elas permitem grandes tiragens e podem ser afiadas durante o processo para o correto ganho de ponto sobre muitos substratos de embalagem.

Figura **6-3**
A configuração de blanqueta a blanqueta (*blanket-to-blanket*) usada em aperfeiçoadores e impressões *offset* em rede

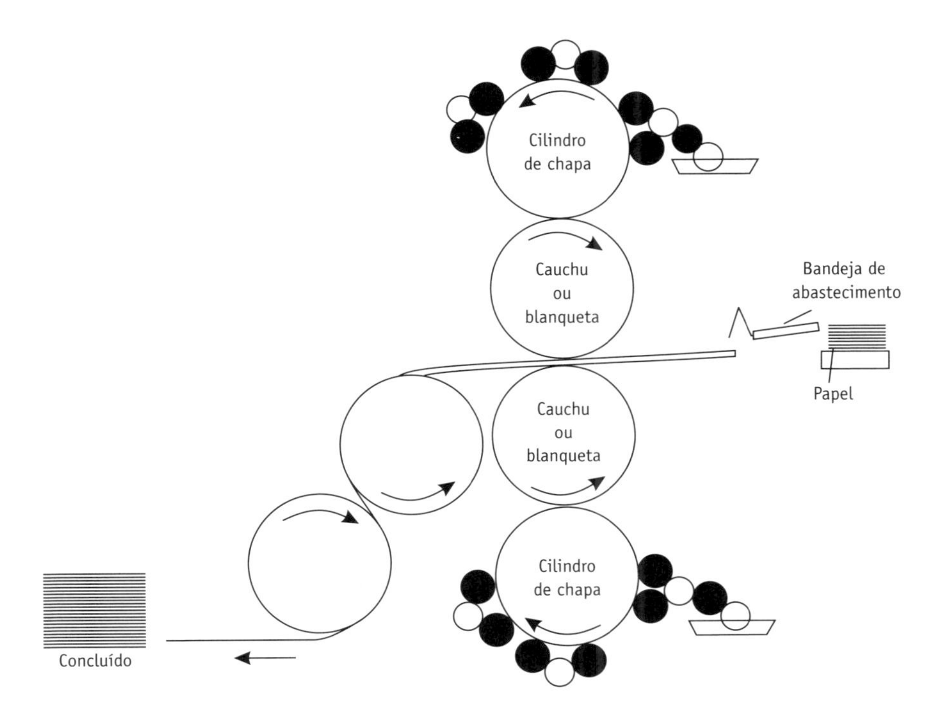

Fonte: Pira International Ltd

Figura **6-4**
Layout típico de uma prensa *offset* tipo folha a folha

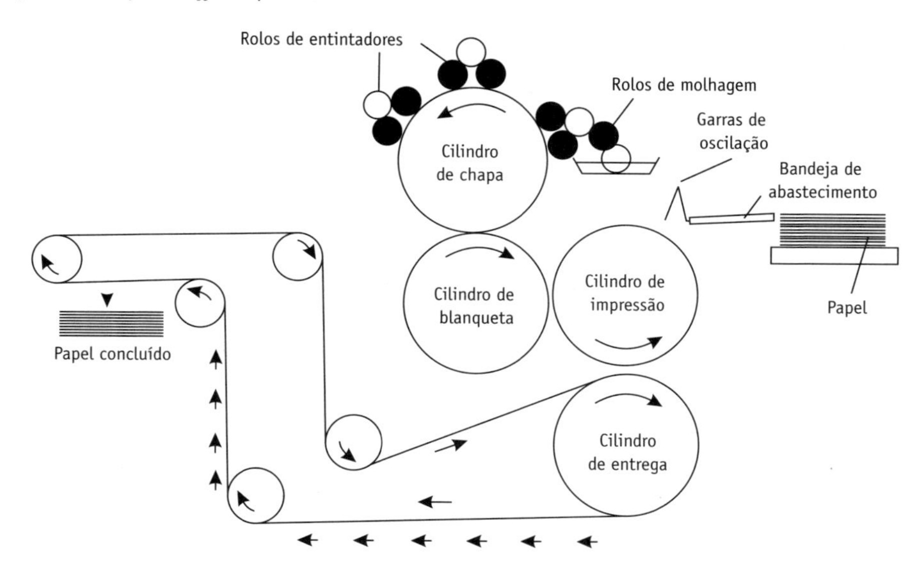

Fonte: Pira International Ltd

Impressores agora usam placas bimetálicas para embalagens farmacêuticas, envoltórios de espuma para refrigerantes e latas tripartites. Recentes testes de chapas bimetálicas envolveram capas de discos, caixas de cereal e embalagens de cosméticos em tiragens acima de 500.000 unidades. Elas permitem também aos impressores corrigir a luz ou cores "sujas" pelo simples processamento de uma nova placa a partir de um filme, no nível apropriado de entintagem.

Além da embalagem de papelão, as placas têm sido longamente usadas em decoração metálica, especialmente para as latas de aço de três peças que abrangem desde latas de barbear até latas de biscoitos. Impressores nessa área usam muitas vezes placas de cobre em aço inoxidável (mais que o usual cobre em alumínio), que são extremamente duráveis e capazes de serem retiradas de uma impressão, armazenadas e reutilizadas.

A impressão *offset* com placas bimetálicas é vista como excelente alternativa à flexografia e à rotogravura. Placas bimetálicas são preparadas com muito menos esforço e custo que placas de rotogravura, e oferecem qualidade e durabilidade semelhantes. Placas bimetálicas também superam muitas questões de incompatibilidade química que surgem com placas de litografia, pois não imprimem pelos fotopolímeros, que podem ser atacados por solventes usados nas tintas de flexografia e rotogravura.

A durabilidade das placas bimetálicas também significa que elas podem ser usadas com tintas UV abrasivas. Isso é importante no caso de papelão corrugado, no qual tintas UV são usadas para ter secagem rápida.

Como embalagens são cada vez mais usadas para promover a identidade da marca e veiculam mensagens essenciais, a impressão da embalagem move-se em direção ao objetivo de maior qualidade. A impressão *offset*, por meio do uso de placas bimetálicas, tem um papel a desempenhar, porque pode, muitas vezes, satisfazer as demandas dos mais reticentes impressores e resistir aos processos mais agressivos de impressão.

Impressão digital

Este termo descreve uma coleção de processos de imprimir que não usam qualquer tipo de pré-impressão de forma. Em vez disso, a imagem é construída em forma digital e transferida para cada impressão a ser produzida. Por isso, é possível mudar parte ou toda imagem a ser impressa, capacitando rápidas mudanças de um trabalho para o próximo ou mesmo a personalização de cada impressão feita.

Há duas categorias de impressão digital distintas que respondem às demandas de mercado requeridas pelos embaladores:

- Sistemas eletrofotográficos nos quais a superfície em que a imagem é formada está em contato direto com o substrato. Esses dispositivos cobrem um amplo leque de sistemas em que uma imagem eletrostática é criada por meios óticos ou elétricos sobre um tambor ou correia e o *toner* (ou *toner* líquido polimérico, no caso de índigo) é transferido a partir de cilindros de imagem diretamente ao substrato. O *toner* normalmente é um material termoplástico, que é aquecido para fundir e formar a imagem.
- Sistemas de jato de tinta ou de não impacto, em que a aplicação da impressão não está em contato com o substrato. Esses dispositivos contam com a descarga de tinta controlada pelo computador para formar uma sequência de gotas, quer pelo fluxo contínuo eletrostaticamente carregado, quer pelo processo de gotas por demanda (DoD), que são então disparadas ao substrato de uma distância de poucos milímetros. Não há contato ou pressão no substrato, de tal modo que superfícies frágeis e não planas podem ser impressas. Tintas podem ser formuladas para aderir a quase todas as superfícies, permitindo, assim, a variedade de substratos.

A tecnologia de jato de tinta DoD tornou-se a preferida para sistemas de impressão de alta qualidade e alta resolução, bem como alcançou um estágio em que pode ser usada para desenvolver sistemas para aplicações em impressão de embalagens.

Essas aplicações podem abranger um leque que vai desde a impressão de informação variável até a impressão completa da embalagem. Mas temas como ambiente, interface com o usuário, integração da fabricação e aceitação no chão de fábrica necessitam ser administrados, se a implementação da tecnologia quiser ser bem-sucedida.

A impressão digital agora atingiu a maturidade. Fabricantes de substratos aproveitaram a oportunidade para desenvolver substratos de alto valor compatíveis com a impressão digital. Linhas de acabamento agora também são destinadas para acomodar tiragens menores e mudanças rápidas de montagem (*set up*). A impressão pode combinar também qualidade de tiragens mais longas, com as mesmas cores e substratos especiais customizados.

No entanto, para a impressão digital ser bem-sucedida no mercado de rótulos, a tecnologia necessita incluir toda a flexibilidade de conversão, pela qual as limitadas impressões em linha de rede são bem conhecidas. A tecnologia precisa ser realmente integrada aos

Figura **6-5**
Sistema de impressão contínua a jato de tinta (*inkjet*) com múltiplos bicos

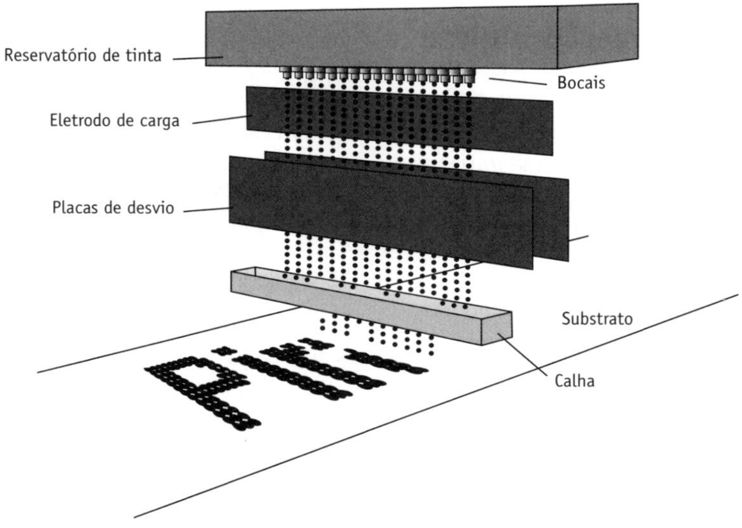

Fonte: Pira International Ltd

Figura **6-6**
Sistema de impressão contínua a jato de tinta (*inkjet*)

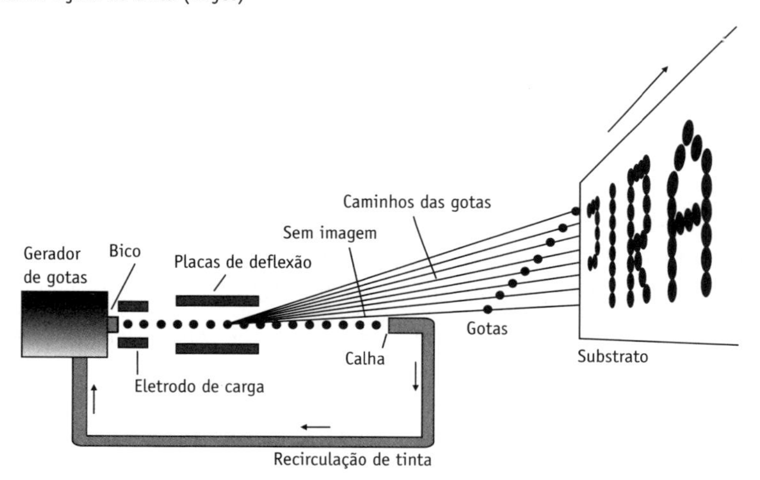

Fonte: Pira International Ltd

equipamentos de conversão que a indústria de rótulos usa atualmente, bem como deve ter a capacidade de estabelecer cores e vernizes diversificados, corte do material (*diecut*), tirar aparas, *stamp foil* etc.

Uma solução bem-sucedida tratará a impressão digital exatamente como qualquer outro processo de impressão e não terá de arcar com muitas operações fora de linha para finalizar

Figura **6-7**
Sistema de impressão a jato de tinta por impulso

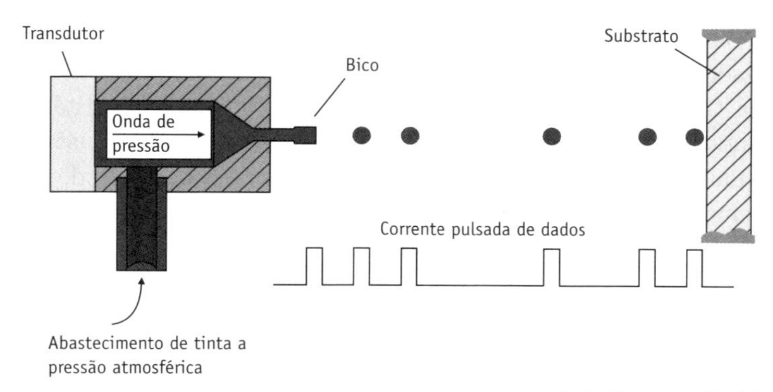

Fonte: Pira International Ltd

Figura **6-8**
Impressor eletrofotográfico de *toner* seco (*laser*)

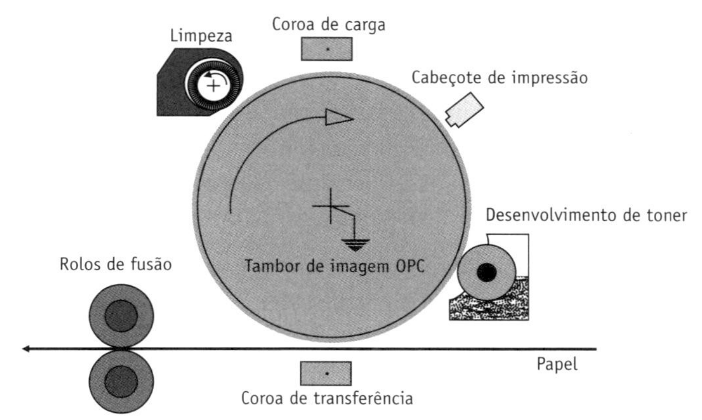

Fonte: Pira International Ltd

a conversão do rótulo. A chave é proporcionar impressão digital como flexibilidade adicional ao atual equipamento de conversão, permitindo imprimir um leque mais amplo de rótulos. Isso elimina a necessidade de investimento em tecnologia fora de linha para proporcionar uma alternativa de baixo custo para partidas curtas e informação variável.

A tendência digital sofre intensa competição global de varejo, que cria forte pressão por embalagens de vida mais curta, de alto impacto e variadas. Para administradores de marca, projetistas, impressores e administradores logísticos, isso se projeta para produções mais curtas de produtos *multidesign*, entrega *just-in-time* e a personalização e customização de bens de consumo de massa.

Outro efeito da produção global de marcas é a necessidade de integrar projetos comuns de embalagem: uma massa de diferentes informações locais ou regionais em constante mudança. Exemplos disso incluem informação nutricional, regulamentações governamentais de produtos químicos perigosos, movimentação de bens por meio de fronteiras nacionais e disposição final do produto.

Os fluxos de trabalho digital oferecem uma solução potencial a demandas aparentemente paradoxais de gerenciamento global de marca e incorporação de informações locais e regionais. Como as marcas migram globalmente, é vital que a consistência de cor e desenho seja mantida da mesma forma que a integridade manufatureira é assegurada pela consolidação de unidades de produção em centros de excelência. Fluxos de trabalho digital permitem às empresas controlar a produção de impressão global mais de perto, ao mesmo tempo que reduzem o ciclo de projeto, originação e aprovação.

A tecnologia de impressão digital pode ser categorizada pelo tipo de produção, assim como pelos mercados atuais, aos quais a tecnologia é adaptável. Há quatro grandes áreas: impressão sob demanda (*on-demand*); tiragens curtas (*short runs*); distribuir e imprimir; e personalização.

A resposta da indústria de embalagem a essas capacidades de produção tem sido uma das mais interessantes. A indústria de rótulo abriu caminho para a impressão digital e é seguida pelos impressores de caixas dobráveis de papel cartão, particularmente aquelas caixas de produção farmacêutica, em que certamente o tamanho reduzido, tiragens relativamente pequenas e maior valor agregado combinam muito bem com a tecnologia.

Trabalho experimental também está sendo empreendido na impressão digital de latas de metal, frascos plásticos e cartonagem de iogurte. Na exposição Drupa, em maio de 2000, foram lançadas impressoras jato de tinta que imprimem em embalagens flexíveis e corrugadas em velocidades de aplicação de impressão industrial.

A despeito da mobilização causada pela tecnologia digital, alguns percalços permanecem. Comparadas com *offset*, flexografia e rotogravura, as máquinas de impressão digital são lentas e visam obter equivalente qualidade de cor em imagem. Para muitas linhas de produção em massa, a velocidade de típicas máquinas de impressão digital é muito lenta para oferecer benefícios econômicos, apesar da economia com custos de pré-impressão. No futuro, a impressão digital necessitará ser mais produtiva e oferecer uma superfície maior de impressão.

7

equipamentos de **embalagem flexível**

Os equipamentos escolhidos para fabricar filmes dependem das características da resina e das propriedades desejadas. Por exemplo, resinas podem ser extrudadas por uma ferramenta plana *slit die*, que passa sobre uma ferramenta resfriada, sobre um rolo resfriado ou por um banho de água gelada. Seguindo a extrusão em ferramenta plana, um filme quente pode ser orientado quer na direção da máquina, quer na transversal dela (ou os dois).

Os filmes também podem ser extrudados por uma ferramenta anular, formada por um tubo soprado com ar para expandir e formar as paredes do filme. Em alguns casos esta ferramenta é rotacionada para permitir uma melhor distribuição das paredes do filme. Esse tubo pode então ser dobrado para formar um filme plano, que também pode ser orientado nesse processo.

Filmes calandrados são formados transpondo-se uma quantidade de polímero fundido entre dois rolos seguidos de uma série de rolos aquecidos. O filme resultante tem uma calibração excepcionalmente uniforme e com boa estabilidade dimensional.

Em resumo, o equipamento de extrusão é usado para processar o material termoplástico, a partir da forma granulada *(pellet)*, para produzir folhas contínuas ou filmes, que serão usados mais tarde como pacotes, recipientes ou outra aplicação de embalagem.

Calandragem

Este método é utilizado para produzir chapas ou filmes contínuos. O material termoplástico em *pellet* é primeiro amolecido pelo calor e depois passado entre dois ou mais rolos sob forte pressão. Há diferentes tipos de calandras, que diferem tanto em termos de número de rolos, que varia de dois a cinco, quanto em termos de seu arranjo. Os arranjos dos cilindros são referidos em geral como Z e L.

Atualmente, o processo de calandragem consiste em alimentar uma massa de termoplástico na passagem entre os dois primeiros rolos, para assim formar um filme, que passa pelos rolos restantes. A espessura final do filme é determinada pelo tamanho da abertura entre

Figura **7-1**
Calandra de revestimento com quatro rolos em L invertido

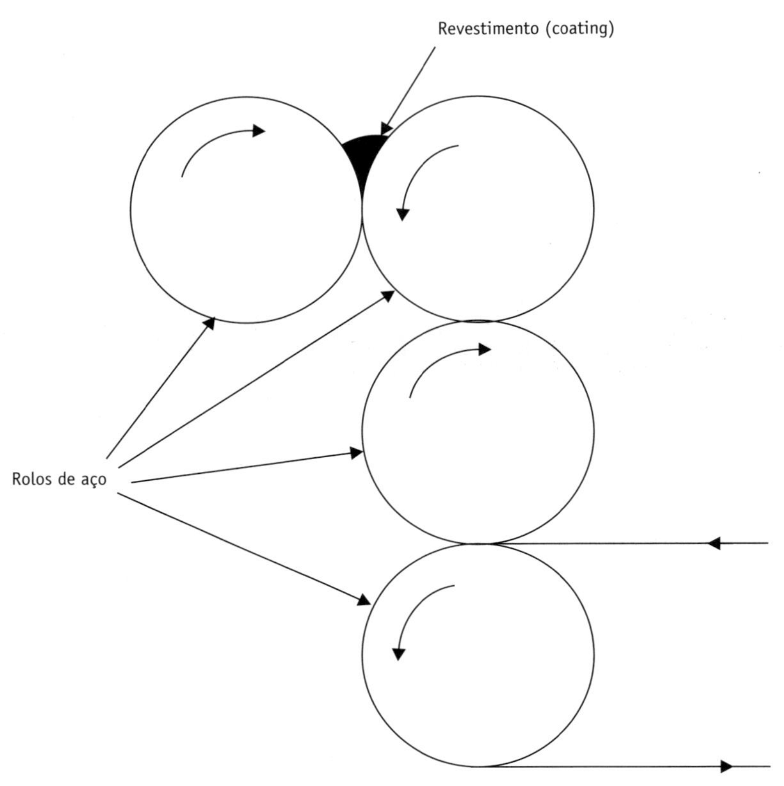

Fonte: Pira International Ltd

os dois últimos rolos. Depois que o filme deixa a calandra, ele é resfriado (pelos rolos de resfriamento), passa por um medidor de espessura de raios beta e é, então, embobinado.

A transposição de uma massa fundida em um filme fino significa que forças muito grandes são exercidas nos cilindros. As pressões sobre os eixos podem causar deflexão e resultar em filme mais espesso no meio do que nas bordas. Para compensar essa deficiência, há vários tipos de calandra.

Efeitos decorativos são possíveis de ser obtidos por calandragem, com o tipo de superfície de filme determinado pelo último rolo. Podem ser obtidas tanto superfícies foscas ou brilhantes quanto texturizadas. Calandras também são usadas como máquinas de revestimento ao passar papel, tecido ou alguns outros substratos pelos dois últimos rolos. A alta pressão exercida assegura bom contato entre o plástico quente e o substrato, garantindo boa adesão.

Calandras tendem a ser máquinas maciças, que operam em alta temperatura e em alta pressão – e ambas devem ser mantidas de modo uniforme. Uma grande área de piso é geralmente requerida em função da fábrica associada, como misturadores, equipamento de puxamento, sistemas de controle de temperatura e outros itens auxiliares. Isso torna o processo de capital

Figura 7-2
Esquema de uma extrusora simples

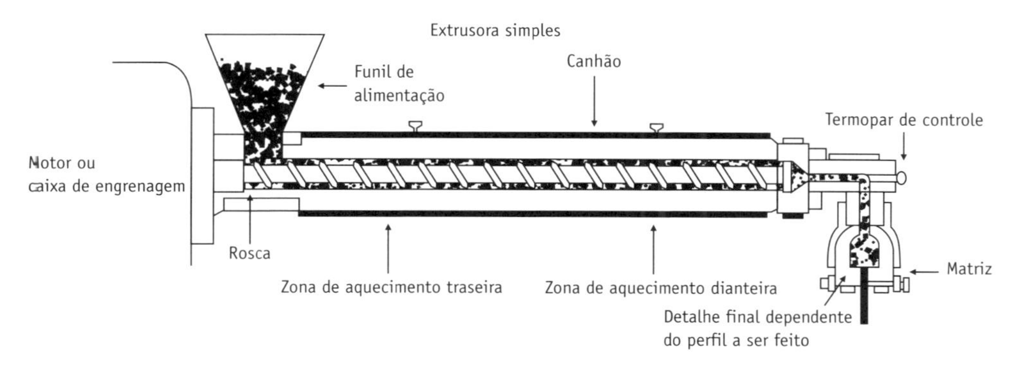

Fonte: Pira International Ltd

intensivo, de tal modo que calandras tendem a ser usadas para filmes largos (em torno de 1,8 m), porque o custo é proporcionalmente menor.

Extrusão

O primeiro passo de vários dos processos de conformação de plásticos, que incluem filmes plásticos para embalagens alimentícias, é frequentemente a extrusão. Grânulos são alimentados por meio de um funil para dentro do barril da extrusora, onde eles são fundidos pelo calor e pela ação mecânica da rosca.

A ação da rosca força o plástico fundido por meio de um orifício chamado matriz. A forma da matriz determina o tipo do produto fabricado. Por exemplo, um orifício extremamente pequeno vai gerar um filamento plástico fino, que pode em seguida ser tecido. Um estiramento da ferramenta criará filmes plásticos finos do tipo usado para embalagens alimentícias.

O processo de extrusão é normalmente utilizado para termoplásticos, embora termofixos também possam ser extrudados com o emprego de técnicas especiais. A extrusão é um processo contínuo destinado a converter resinas termoplásticas em chapas, filmes, tubos, varetas, fibras e perfis variados. Além disso, também pode ser usada para outros materiais, como o alumínio.

Qualquer que seja o produto final, a sequência básica dos eventos é a seguinte:

- Plastificação da matéria-prima granulada ou na forma de pó.
- Dosagem do produto plastificado por meio de uma matriz, que o converte à forma desejada (filme etc.).
- Solidificação na forma ou tamanho desejados.
- Embobinamento ou corte em unidades.

Os primeiros dois processos são executados na extrusora, enquanto o terceiro e o quarto são processos auxiliares. A extrusora em si consiste basicamente em um parafuso de Arquimedes que é rotacionado internamente a um cilindro aquecido e milimetricamente encaixado à rosca. Os grânulos de plástico são fornecidos por meio do funil a uma parte traseira da extrusora e levados adiante pela ação da rosca.

Enquanto os grânulos passam ao longo do canhão, eles se fundem ao contato com as paredes quentes e pela geração de calor friccional no fundido viscoso. A ação final da rosca é forçar o polímero fundido por intermédio da matriz e, assim, determinar a forma deste.

O componente mais importante de qualquer extrusor é a rosca e normalmente é impossível extrudar um material com sucesso usando uma rosca destinada a outro material. Roscas são caracterizadas por suas proporções de comprimento/diâmetro e por sua taxa de compressão. Ela é geralmente dividida em três zonas: alimentação, compressão e dosagem. A zona de alimentação transporta o material abaixo da boca do funil para a seção de compressão. A função da seção final da rosca é dosar o polímero fundido por meio da matriz em uma taxa constante e atenuar as pulsações.

À medida que o filme é enrolado na bobina, ele é convertido em produtos acabados ou semi-acabados de acordo com a finalidade:

- Produtos planos: o filme é aparado (refilado) e entregue à bobina em uma camada.
- Produtos tubulares: o filme é entregue como tubo com a opção de cortes laterais ou no meio.
- Tubo com dobra: se um diâmetro grande de tubo, mas com limitada largura do rolo, é desejável, todos os filmes tubulares podem ser produzidos com uma dobra embutida nas laterais.

Os filmes extrudados abrangem espessuras típicas de 15 mícrons (0,015 mm) a 300 mícrons (0,3 mm) com tolerâncias de +/-5% ou +/-10%, dependendo do uso e da espessura. As larguras, por sua vez, variam de 100 mm a 6.000 mm. Se necessário, o filme é dobrado porque a largura máxima de rolo tende a ser de 3.000 mm.

A maioria das empresas pode adicionar aditivos especiais ao seu filme, incluindo estabilizador UV para estender sua vida útil. Agentes antiestáticos também podem ser adicionados ao filme, assim como tratamento corona e microperfuração.

Há basicamente dois métodos diferentes de extrudar filmes: extrusão-sopro (balão) e extrusão por matriz plana.

Extrusão de filme soprado (*blow*)

Neste caso, o polímero fundido que vem do cabeçote da extrusora entra na matriz pelo lado, embora a entrada também possa ser feita a partir do fundo da matriz. Nesta, a massa fundida flui ao redor de um mandril e emerge por meio de uma matriz anular, a qual se abre na forma de um tubo. Esse tubo é então expandido em um balão de diâmetro, soprando-se ar pelo centro do mandril. O tubo pode ser extrudado para cima, para baixo e horizontalmente.

As extrusões por sopro são produzidas pela matriz anular com orifícios concêntricos. Originalmente, as extrusões de balão, de modo geral, consistiam apenas em duas ou três

Figura **7-3**
Esquema de uma extrusora de filme-balão

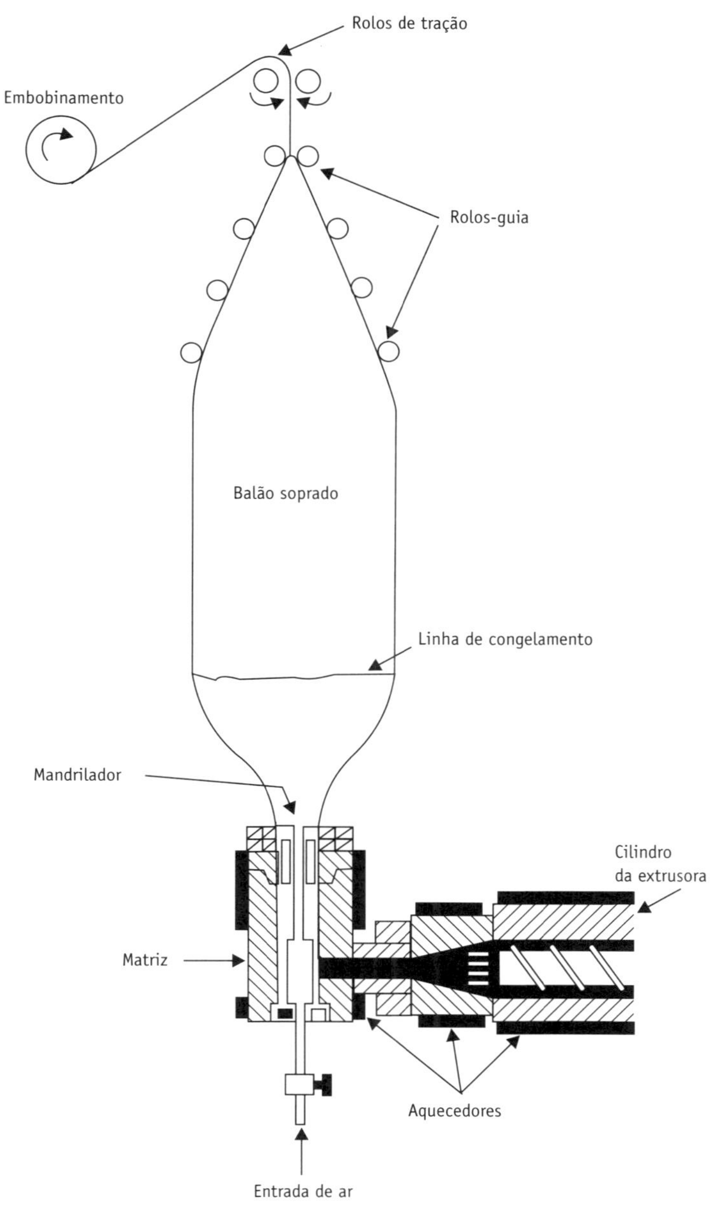

Fonte: Pira International Ltd

camadas, mas a elevada demanda por coextrusões de alta barreira levou a um grande número de desenvolvimentos no campo de projetos de ferramentas.

A extrusão por sopro é um procedimento muito complexo e há uma série de problemas associados à sua produção. Entre os prováveis defeitos estão variações de espessura, defeitos de superfície, opacidade (névoa), baixa resistência ao impacto, bloqueio e enrugamento. Entretanto, uma vez superados esses defeitos, as propriedades mecânicas do filme soprado geralmente são melhores que as do filme plano.

Extrusão por matriz plana (*cast*)

Na extrusão de filmes planos, o fundido é extrudado por uma matriz plana e, em seguida, passa por um banho de água ou por um rolo resfriado. Em ambos os casos, a essência do processo é o rápido resfriamento do filme a uma curta distância dos lábios da matriz (25 a 65 mm), que previne o crescimento de grandes cristais e, desse modo, confere ao filme alta transparência (em comparação com o filme soprado resfriado a ar). No filme plano por rolo resfriado (*chill roll*), o fundido é extrudado em um rolo cromado, resfriado por água.

Coextrusão

Este é um processo pelo qual dois ou mais materiais ou cores são combinados com o uso de múltiplas extrusoras. As extrusoras em linha têm seus múltiplos fluxos de material fundido combinados em um *manifold*. A coextrusão pode produzir perfis ou filmes de múltiplas cores que usam materiais semelhantes, um efeito de dobradiça ou uma camada de selagem.

Uma vez que todos os plásticos começam como fluidos e resfriam conjuntamente, a coextrusão elimina os múltiplos passos requeridos em algumas outras técnicas.

Filmes multicamadas produzidos por coextrusão proporcionam propriedades desejáveis do filme difíceis de conseguir em materiais puros. No processo de extrusão de filmes planos multicamadas, uma importante variável de operação é a tensão no filme fundido, pois esta é crucial à qualidade e às propriedades dos produtos finais.

A mensuração da tensão do filme no processo de extrusão de filmes planos é difícil porque o filme está no estado fundido, o que requer o uso de um método de medição que não entre em contato direto com ele. Um dos métodos explorados para obter essa medida é o uso de um dispositivo de colisão de jato de ar. Esse dispositivo produz um fino jato de ar retangular mais amplo que a largura no filme fundido. A tensão do filme pode, então, ser medida, porque a deflexão deste, causada pela colisão do jato de ar, depende de sua tensão.

O crescimento da demanda por filmes metalocenos também se deu devido à coextrusão. No passado, na manufatura de filmes soprados, era preciso compensar/equilibrar as melhores propriedades mecânicas de resistência a impacto, selabilidade, ótica e resistência ao rasgo, com processamento mais difícil devido às altas viscosidades nas taxas típicas de extrusão, maior taxa de cisalhamento com as roscas existentes (que aquecem e empurram a resina plástica em direção à matriz) e menor estabilidade do balão.

Esses problemas foram superados com os ajustes da linha de extrusão de filme soprado e coextrudando ou misturando resinas metalocênicas com resinas convencionais. Esta segunda opção não somente ajuda o processamento, mas também reduz o custo final do filme pela incorporação de uma proporção de resina mais barata.

Figura 7-4
Técnicas de termoformagem

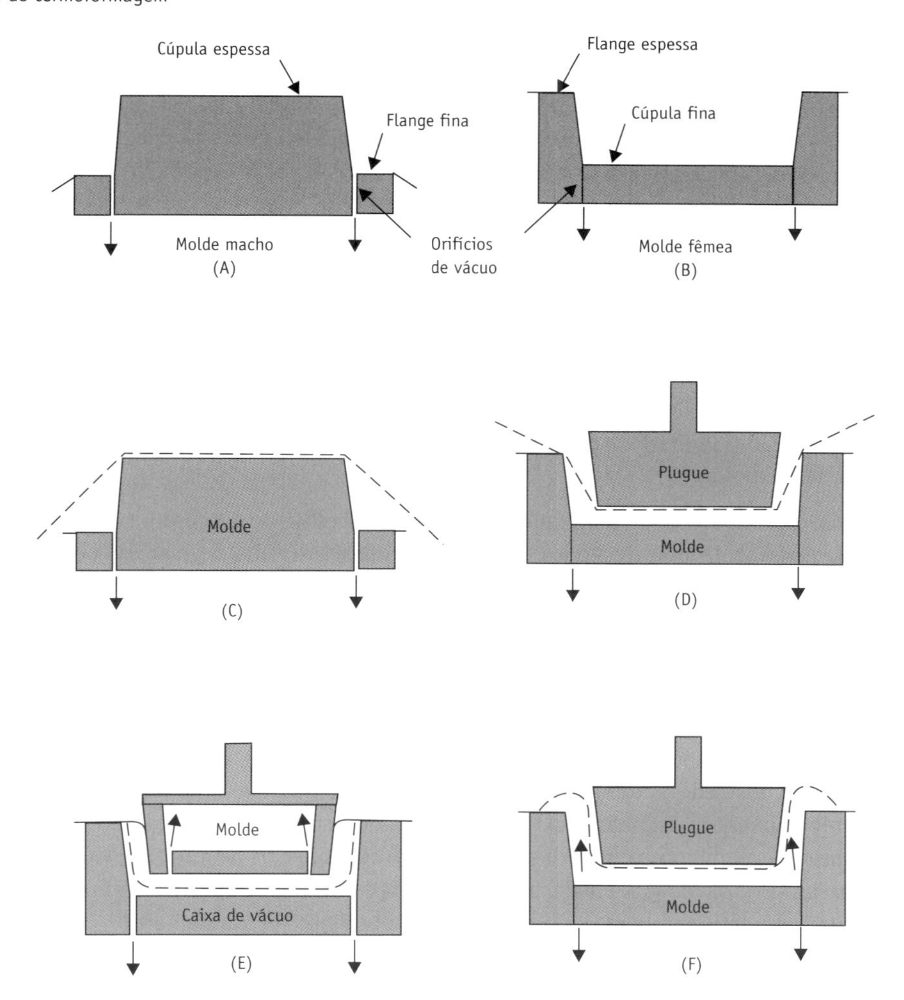

Fonte: Pira International Ltd

Termoformagem

Esta é uma família de processos que podem ser adaptados para fazer um amplo leque de recipientes e proporcionar um sistema de *form-fill-seal* (FFS). Na termoformagem, uma chapa plástica é amolecida pelo calor e então conformada ao redor de um molde. Os vários tipos de embalagens termoformadas abrangem embalagem de casca (*skin*), embalagem *blister* e potes e tampas.

A característica comum entre esses três tipos de embalagem é que começam com chapa ou filme plano. O material é aquecido até se tornar mole e maleável, e então é conformado a vácuo, pressão e plugues ou qualquer combinação destes. A técnica básica na termoformagem é suspender uma folha de plástico em uma armação que a agarra pelas bordas. A folha é sustentada até amolecer e, então, é sugada sobre um molde por um vácuo. Uma vez que ela tenha se resfriado, é arrancada do molde e aparada.

Vacuoformagem

O equipamento básico para este processo compreende uma caixa de vácuo com uma saída de ar acoplada com bomba também de vácuo, uma moldura de fixação, um molde e um painel de aquecimento. O molde perfurado é posto sobre a saída de ar. A folha plástica é então colocada sobre o topo da caixa de vácuo para criar um compartimento hermético. A folha é aquecida e, em seguida, forçada a manter contato com a superfície superior do molde em que ela é suficientemente esfriada para reter sua forma moldada.

Termoformagem com pressão positiva

Esta é a mesma termoformagem a vácuo, exceto pelo fato de a folha amolecida pelo calor ser forçada ao contato com o molde pela pressão de ar positiva aplicada de cima. Como a pressão não é limitada à pressão atmosférica, consegue-se uma melhor reprodução dos detalhes do molde.

Praticamente todas as máquinas usadas para trabalhos de alta produção são conformadoras por pressão. Depois de a peça ter sido formada sobre o molde, o ar frio pode ser soprado sobre ela para apressar o resfriamento. Como alternativa ao ar frio, algumas termoformadoras usam *spray* de vapor.

Termoformagem/envase/selagem

Dois plásticos bobinados são usados. O primeiro é formado em uma série de depressões em forma de bandejas pelo aquecimento e estiramento a vácuo por meio da base de moldes de formato desejado. A folha formada é então posicionada sob uma cabeça de enchimento e os compartimentos enchidos são tampados, selando-se o filme da segunda bobina no topo. O conjunto de recipientes tampados e enchidos é cortado e os pacotes individuais separados. O filme usado para tampamento é, muitas vezes, pré-impresso. Papel revestido de termoplástico ou papel-alumínio também pode ser usado na operação de tampamento.

O processo de termoformagem é bem adaptado às operações de FFS. Técnicas de termoformar, encher e selar são bastante usadas por várias embalagens de comestíveis em forma líquida ou pastosa. Os variados produtos embalados dessa forma incluem presuntos, marmeladas, geleias e mel. O leite UHT também é embalado por meio de técnicas assépticas de enchimento.

Na embalagem asséptica, tanto os materiais de base quanto de tampamento são esterilizados com peróxido de hidrogênio. A termoformagem é executada com ar comprimido estéril, filtrado em padrões microbiológicos e assistida por plugue. O enchimento é realizado na cabine estéril, seguido de pré-selagem em cada lado do filme, assim, cria-se um tubo fechado entre a base e a tampa.

Laminação

A laminação envolve a união de um filme fino, transparente, de polipropileno (PP), poliéster, acetato ou náilon, com a superfície de folha de impressão ou outro substrato (Figura 7-5).

O filme é aplicado pelo método úmido ou térmico. O método úmido é mais complicado e envolve o uso de solventes ou água. O operador final aplica o adesivo no filme, enquanto este é aplicado no substrato. Esse processo tende a ser mais barato que o térmico, mas pode haver ambientes que dificultem a secagem do adesivo.

No método úmido (ver Figura 7-6), dois ou mais filmes juntam-se por adesivos. Na figura, um filme vem de baixo para cima e é carregado sobre um rolo adesivo à esquerda. Um segundo filme, que vem do topo esquerdo, encontra o tecido revestido de adesivo no arco de contato dos dois rolos, que estão um sobre o outro, à esquerda. As camadas combinadas passam ao redor dos rolos relegados à direita e levados à próxima seção.

O método térmico, que se tornou popular nos últimos anos, usa calor de 250 °F a 300 °F (121 °C a 148 °C) para fundir filme e substrato. O tipo de filme usado é pré-revestido com

Figura **7-5**
Seção transversal de uma laminação típica

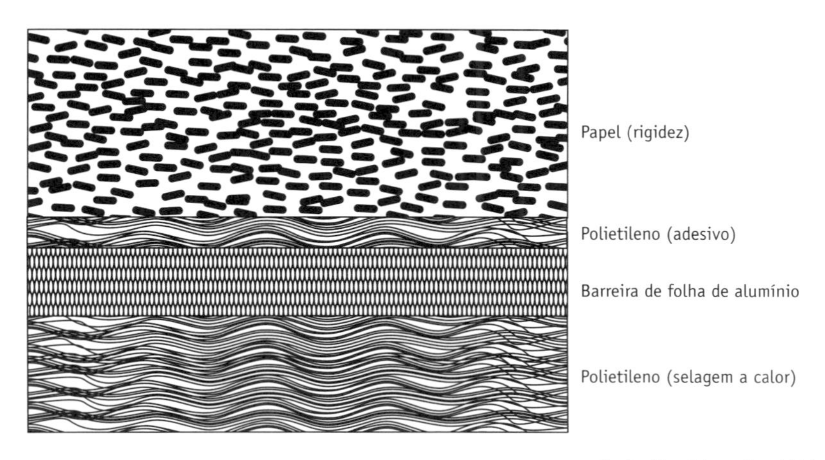

Fonte: Pira International Ltd

Figura **7-6**
Laminação pelo método úmido

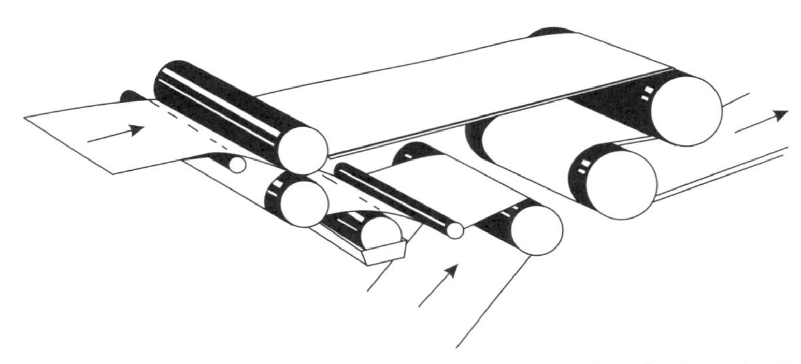

Fonte: Pira International Ltd

polietileno (PE) adesivo e é mais caro que o filme sem adesivo. O método térmico é o processo dominante atualmente.

Uma desvantagem do método térmico é que o calor envolvido leva filmes de poliéster e PP a esticarem, o que às vezes causa o enrolamento da peça acabada. Para que isso seja evitado, filmes livres de espiralamento são exigidos. Filmes de náilon geralmente são mais caros que outros tipos. De todos os filmes, entretanto, ele é o mais estável. Atualmente, só está disponível em acabamento brilhante; fabricantes de filmes trabalham com uma versão fosca (*matt*).

O filme mais popular é o de PP, o qual é disposto em um acabamento brilhante ou fosco e é o mais barato. O filme de poliéster, que vem com brilho ou cetim (isto é, não um verdadeiro fosco), tem um acabamento mais pesado e é mais resistente à abrasão e ao rasgo que o PP. O filme de acetato é o menos usado porque é mais quebradiço que os outros e, além disso, rasga e risca com facilidade.

Filmes aderirão normalmente a qualquer papel, assim como o papelão e o pano. Papéis de maior gramatura são melhores que os mais leves, que tendem a enrugar quando laminados. Ocasionalmente, filmes têm dificuldade de aderir a superfícies não revestidas ou de textura grosseira.

Como os revestimentos, a laminação rende melhores resultados quando feita sobre tintas e vernizes sem cera. Se a cera está presente na tinta ou verniz, o método úmido de laminação pode ser usado por permitir o uso de um adesivo mais agressivo para efetivamente unir o filme ao substrato.

A laminação pode ser feita em linha com corte (*diecutting*), vinco, aplicação de relevo e baixo relevo, mas esses processos necessitam ser executados depois de o filme ser aplicado ao substrato. Se o relevo do produto é aplicado antes da laminação, a área deste será afetada pelos rolos que se aplicam ao filme. Se o trabalho envolve relevo acentuado, um filme flexível de PP, que tem maior elasticidade que os outros tipos, deve ser usado.

Para projetos que serão colados, como pastas de apresentação, sacolas e envoltórios de caixas, o filme colante é normalmente especificado. As embalagens cosméticas, as indústrias de higiene pessoal (toalete) e farmacêuticas insistem, em geral, em filmes colantes.

Filmes metalizados

O processo de metalização ocorre pela evaporação de alumínio em câmara de alto vácuo. A camada muito fina de alumínio que se condensa sobre o filme confere excelente barreira a luz, vapor d'água, oxigênio e outros gases. Essa camada é muito fina (100 a 250 Ångström). Depois da laminação, ela garante ótimas propriedades de barreira porque, diferentemente da folha de alumínio, é menos rígida e não se quebra ou rompe.

Propriedades de barreira são garantidas pela uniformidade da camada de alumínio depositada no filme e pela redução de quaisquer defeitos microscópicos, como microfuros (*pinholes*), na camada metalizada. Quanto menores os pontos fracos e defeitos na camada de alumínio, melhor a performance de barreira do filme metalizado ao gás e à transmissão de luz.

Materiais laminados de alta barreira podem ser um substituto econômico para o papel-alumínio em todas as espécies de aplicações em que este é usado para garantir o efeito barreira.

Conversão/envase/selagem

Há uma série de diferentes tipos de máquinas FFS, como: FFS verticais, horizontais e horizontais/verticais. A escolha da máquina depende muito mais do tipo de material de embalagem e das características do produto.

Se o produto é seco e escoa facilmente, uma máquina vertical FFS é normalmente a melhor escolha. Aqui, o filme ou papel são alimentados em uma estrutura que converte a folha plana em forma tubular ao redor do tubo de alimentação do produto com sobreposições nos dois lados. Variações nesse método de fabricação de embalagem agora incluem bolsas plásticas verticais *(stand-up pouches)* que podem ser feitas com nesgas de fundo ou com fundos achatados. A máquina vertical, que acomoda duas folhas, é geralmente preferida para líquidos, pois todas as selagens são feitas por duas espessuras de materiais e há menos chance de vazamento.

Outra abordagem para a conformação de bolsas plásticas, tanto para produtos líquidos quanto para secos, é a máquina horizontal/vertical em que um único filme é dobrado para cima para fazer bolsas plásticas verticalmente posicionadas, as quais percorrem uma direção horizontal formatando, enchendo, selando e cortando a partir do filme. Nessas máquinas, embalagens de bolsas plásticas podem ser criadas em velocidades acima de 400 unidades por minuto.

A máquina FFS vertical que circunda um filme individual ao redor do tubo de envase pode manipular uma ampla variedade de produtos líquidos e sólidos de até 9 kg. Algumas máquinas FFS verticais podem produzir acima de 60 sacolas por minuto com comprimentos de até 58,75 cm. Algumas têm uma mesa rotatória ao pé da máquina que recebe as sacolas seladas e, em um movimento translacional, entrega-as à correia transportadora. Os parâmetros de operação são armazenados na memória e mostrados em LCD. Temperatura, comprimento do filme, data-limite de registro de filme, tempo de parada e velocidade de correia podem ser acessados instantaneamente. As mandíbulas de selagem (*seal jaws*) de largura estacionária usam termopares individuais para constante controle da temperatura.

Uma unidade FFS vertical, de movimentos intermitentes, pode encher sachês e bolsas plásticas com pós, granulados, tabletes, líquidos e cremes a velocidades acima de 70 golpes por minuto. Algumas máquinas podem contar e transferir bolsas plásticas para pilhas predefinidas e caixas de papelão. Um microprocessador monitora as operações. Um painel de controle no nível dos olhos permite a visualização das funções e um sistema pneumático assegura a pressão e a selagem.

Inovações em equipamentos de termoformar, encher e selar objetivam encaminhar questões como refechamento e resselagem, o que proporciona a escolha de produtos em embalagem única, flexibilidade em termos de formato, rápida mudança de tamanho e custos reduzidos de embalagem.

Como as pressões de mercado demandam cada vez mais uma variedade de estilos de embalagem para o mesmo produto, os construtores de máquinas voltam-se a projetos modulares para proporcionar variedade a partir de uma mesma máquina.

Por trás da luta para manter-se na liderança está o grande crescimento das embalagens de atmosfera modificada (MAP), que registra um salto na demanda por FFS. Dos menos de 2 bilhões de embalagens em 1993, o volume do Reino Unido para MAP saltou para 2,8 bilhões em 1998, e 3,5 bilhões em 2002.

Uma das mais evidentes tendências no design de máquinas verticais de FFS desde sua invenção há 70 anos foi a mudança de prendedores recíprocos de selagem cruzada para prendedores de selagem cruzada que operam a partir de uma posição fixa. Primeiro, máquinas verticais FFS usavam um conjunto de prendedores recíprocos de selagem cruzada que executavam duas funções: tirando o comprimento medido do filme a partir do carretel e formatando selamentos cruzados, tanto de topo quanto de fundo, para produzir a clássica embalagem de almofada.

Essas máquinas foram usadas extensivamente na maioria das indústrias. As máquinas clássicas de prendedor recíproco dominaram o mercado até os anos 1980, quando começaram a ser substituídas por máquinas com correia para puxar o filme. Há três razões principais para isso: as máquinas com correia de puxamento podem produzir longas embalagens sem nenhuma necessidade de serem grandes; podem ser instaladas com uma série de anexos para produzir embalagens de estilo de fundo de papel e nesgado; evitam o problema de a embalagem ser tirada plana enquanto é formatada, o que torna difícil encher produtos leves.

Mas os construtores de máquinas agora visam novamente aos mecanismos de prendedor recíproco. O desafio para todos os fabricantes de máquinas verticais FFS no momento é conseguir máquinas para trabalhar mais rápido e disputar a capacidade de 120 a 180 embalagens por minuto em relação aos modernos pesadores (*weighers*) de multicabeças. Máquinas de prendedor rotativo de posição fixa podem disputar essas velocidades em produtos leves, como corrugados, mas para produtos mais pesados e filmes que exigem um tempo mais longo de selamento, uma simples moção rotativa não permite um tempo suficiente para o selamento.

Uma das grandes vantagens do prendedor de selamento cruzado recíproco é que este confere um longo tempo de selamento e, quando combinado com o mecanismo de correia de puxamento para alimentar o filme, produz máquinas que têm as vantagens de ambos tipos de máquinas e a habilidade para criar embalagens de peso-pesado em alta velocidade.

8

aspectos legais relacionados a **embalagens flexíveis**

A quantidade de leis existentes que têm afetado a indústria de embalagens na União Europeia (UE) cresceu e foi importante para o desenvolvimento de opções para embalagens. A reciclagem afetou virtualmente todos os setores dessa indústria, com a introdução da EU Packaging and Packaging Waste Directive (Diretriz de Embalagens e Resíduos de Embalagens da UE) e suas aplicações nos Estados-membros.

De acordo com as diretrizes-base da EU 89/109/EEC e 90/128/EEC referentes a materiais que entram em contato com alimentos, todo o campo da higiene de embalagens alimentícias se tornou recorrente e um tema-chave para a indústria de embalagens plásticas para alimentos.

As novas regulamentações são destinadas a beneficiar os consumidores da UE, mas em termos de obediência está claro que, enquanto o primeiro setor de negócios afetado é o de fabricantes de plásticos para contato com alimentos e as empresas que usam seus produtos, o fardo mais pesado recai sobre os conversores/transformadores.

Ao trabalho empreendido pela indústria de embalagens flexíveis foi dada adicional urgência pelas alegações surgidas na Dinamarca, referentes à contaminação de alimentos por certos adesivos de laminação. Esses relatórios se referiam à detecção de aminas aromáticas em alimentos embalados em filmes laminados.

No caso da reciclagem, Estados-membros da UE devem cumprir o Packaging and Packaging Waste Directive (Parlamento e Conselho Diretivo 94/62/EC), o qual visa harmonizar o gerenciamento de embalagens dos vários Estados-membros com a intenção de proporcionar um alto nível de proteção ambiental e, ao mesmo tempo, assegurar o funcionamento desse mercado.

A diretriz e a subsequente legislação de Estado-associado resultaram no crescimento da reciclagem e elevaram o reconhecimento, em todos os setores da indústria, da necessidade de serem ambientalmente responsáveis.

Materiais em contato com alimentos

Ao longo de 25 anos, a União Europeia tem trabalhado na aproximação das leis dos Estados-associados que orientam a aplicação dos materiais e artigos que entram em contato com alimentos. Atualmente, apenas duas categorias principais de materiais (celulose e cerâmica recuperadas) estão sujeitas à legislação plenamente padronizada da UE. A padronização da próxima categoria de materiais e de plásticos tem ainda de ser completada, mesmo considerando-se o fato de que a primeira diretriz sobre materiais plásticos foi adotada há mais de dez anos.

De acordo com os regulamentos, se a diretriz aplicável a um determinado produto está no nível da UE e tem sido implementada na legislação nacional dos Estados-membros, então o uso desse produto precisa cumprir a diretriz. Se uma diretriz da UE cobre um certo produto ou a aplicação ainda não foi promulgada, finalizada ou implementada na lei nacional, nesse caso, o uso do produto deve cumprir as leis nacionais apropriadas de cada Estado-membro da UE sujeito ao princípio do "mútuo reconhecimento".

Entretanto, há alguma resistência à aplicação do princípio do "mútuo reconhecimento" na área de embalagens para contato com alimentos. Isso e o contínuo uso de diferentes abordagens regulatórias pelos Estados-membros têm mantido barreiras ao comércio de materiais para contato com alimentos.

As emendas na plataforma e as diretrizes específicas referentes a materiais para contato com alimentos são mais um passo à frente no longo caminho rumo à padronização. Mas ainda há um bom caminho a andar, pois mais da metade dos Estados-membros da UE cede lugar à legislação nacional em detrimento daquela proporcionada pelas diretrizes.

Na Diretriz 2002/17/EEC, que foi publicada em 21 de fevereiro de 2002, e que emenda a Diretriz 90/128/EEC, o texto claramente institui que é deixado aos Estados-membros regular muitas substâncias. Ela reconhece que a diretriz estabelece especificações "somente para poucas substâncias". As outras, que podem requerer especificações, permanecem reguladas por leis nacionais, pendendo de uma decisão no âmbito da UE.

O resultado para fabricantes de embalagens flexíveis que continuam a resistir à aplicação do princípio do "mútuo reconhecimento" é provável que seja a continuação de inaceitáveis altas barreiras ao comércio de materiais para contato com alimentos pelas fronteiras dos Estados-membros da UE.

Materiais para contato com alimentos são definidos pela legislação da UE como todos os materiais e artigos que estejam em contato direto com produtos comestíveis, e isso inclui embalagens, talheres, pratos, máquinas processadoras, recipientes etc.

Para assegurar a proteção da saúde do consumidor e para evitar adulteração de comestíveis, dois tipos de limites de migração foram estabelecidos na área dos materiais plásticos:

- Um limite de migração geral (OML) de 60 mg/kg de substâncias (para o alimento ou simuladores de alimentos). Isso se aplica a todas as substâncias capazes de migrar do material de contato para o alimento.
- Um limite específico de migração (SML) que se aplica a substâncias individuais autorizadas e é fixado na base de avaliação toxicológica da substância. O SML é geralmente

estabelecido de acordo com a admissão diária aceitável (ADI) ou com a admissão tolerável diária (TDI) definidas pelo Scientific Committee on Food (Comitê Científico sobre Alimentos, ou SCF). Para propor esse limite, assume-se que a cada dia ao longo de sua vida uma pessoa de 60 anos come 1 kg de alimento embalado em plásticos com a substância em análise, no nível máximo permitido.

Materiais e artigos para contato com alimentos são regulados por três tipos de diretrizes:

- A plataforma Diretriz 89/109/EEC estabelece exigências gerais para todos os materiais em contato com alimentos.
- Diretrizes específicas cobrem grupos individuais de materiais e artigos listados na plataforma da diretriz.
- Diretrizes sobre substâncias individuais ou grupos de substâncias utilizadas na manufatura de materiais e artigos em contato com alimentos. Essas diretrizes referem-se a substâncias que têm suscitado questões especiais para a proteção da saúde dos consumidores.

Atividades atuais – Futuro possível

- A Comissão continua a examinar a bagagem científica para uma avaliação de exposição. Essa questão está na agenda da SCF e no Mixed Experts Working Group on Food Contact Materials (Grupo Misto de Peritos de Trabalho sobre Materiais para Contato com Alimentos), composto de representantes de governo e representantes de organizações de defesa do consumidor e profissionais.
- A Comissão pretende examinar a Diretriz 85/572/EEC com a finalidade de considerar novas datas e conhecimentos pertinentes. Como força-tarefa, peritos coletam os dados científicos que deverão justificar as emendas.

A força-tarefa de especialistas continua a examinar questões como sistemas de embalagens ativas, inteligentes e reciclagem, para adiantar possíveis soluções para a legislação.

Reciclagem

Legislação europeia

Entre os alvos da Diretriz EU 94/64/EC sobre embalagens e resíduos de embalagens [implementada no Reino Unido por meio das "Producer Responsibility (Packaging) Regulations"] estão a harmonização de medidas nacionais sobre embalagens e a redução do impacto ambiental destas. O *status* atual da diretriz é uma revisão entre 2001 e 2008, que foi adiada pelo Council of Ministers, no encontro realizado em junho de 2002 em relação ao prazo original, que era 2006.

Nos primeiros cinco anos em que a diretriz esteve em vigor – de 1996 a 2001 –, os seguintes objetivos foram estabelecidos:

- Recuperação de 50% a 65% de resíduos de embalagem.
- Reciclagem de 25% a 45% de resíduos de embalagem com um mínimo de 15% para cada material.

- Embalagem de segurança (garantia) é permitida no mercado somente se seguir as "exigências essenciais", que incluem minimização de peso e volume, adequação para reciclagem do material, recuperação de energia ou compostagem.

Para a reciclagem de materiais específicos, os objetivos são:

- Vidro, 60%.
- Papel e papelão, 60%.
- Metais, 50%.
- Plásticos, 22,5% (exclusivamente material que é reciclado de volta como plástico).

Novas definições serão acordadas, pois sempre há conflito entre a Comissão, o Parlamento e o Conselho de Ministros sobre filme de adesão. A Comissão e o Parlamento declaram que a diretriz de embalagens não se refere ao filme de adesão, enquanto o Conselho de Ministros diz que sim, pois esse filme é compreendido no fornecimento ao ponto de venda.

A diretriz atual prescreve as exigências essenciais que a embalagem deve possuir para ser colocada no mercado. O cumprimento dessas exigências é assegurado por padrões harmonizados preparados pela European Committee for Standardization (CEN). Os cinco padrões harmonizados incluem:

- Prevenção pela redução na fonte.
- Reúso da embalagem.
- Exigências para embalagens recuperáveis pela reciclagem mecânica.
- Exigências para embalagens recuperáveis pela reciclagem energética.
- Exigências para embalagens "recuperáveis" por meio da compostagem e biodegradação.

Entidades nacionais de padronização e/ou associações industriais prepararam pautas para a aplicação de padrões harmonizados em vários países, incluindo Itália e Alemanha. Embora os padrões CEN já tenham se tornado exigências legais no Reino Unido e na França, alguns Estados-membros afirmam que quatro desses padrões não satisfazem inteiramente as exigências essenciais da diretriz, podendo entrar em conflito com a legislação nacional e, por isso, devem ser revisados pela CEN.

A definição de reciclagem é fundamental, pois é diretamente ligada à revisão dos objetivos. Entretanto, de acordo com a Comissão: "A experiência indicou que há alguns problemas quanto à interpretação". Por essa razão, a diretriz visa fazer uma clara distinção entre reciclagem e recuperação de energia.

No que se refere à prevenção, a Comissão reconhece a dificuldade em estabelecer medidas para assegurar uma efetiva prevenção quantitativa e qualitativa de resíduos de embalagem. Todavia, ela considera apropriado reforçar a importância fundamental do conceito de prevenção nessa diretriz, o que indica a necessidade, para os Estados-membros, de limitar progressivamente a quantidade total, assim como a periculosidade dos resíduos de embalagem.

Em relação à reutilização, a sugestão é reforçá-la de acordo com a importância dada ao seu conceito nos artigos, em que a reutilização da embalagem é mencionada como um princípio fundamental.

A revisão dos objetivos é um alvo fundamental da proposta de revisão da diretriz. A Comissão concluiu que os objetivos para 2001 foram realísticos e que os sistemas estabelecidos puderam melhorar o desempenho, de tal modo que é justificável aumentar esses objetivos para a segunda fase, como antecipado na diretriz.

Em termos de objetivos de recuperação, a experiência da Comissão sugere que estabelecer altos objetivos para essa finalidade resulta na promoção de processos de incineração de resíduos. Com a finalidade de evitar isso, a Comissão desistiu da ideia.

No entanto, a Comissão sugeriu estabelecer um fim para a reutilização de certos materiais de embalagem. Estes são combinados com os objetivos de reciclagem para encorajar alternativas disponíveis à incineração. Ela vê a provisão como apropriada para todos os materiais de embalagem, em que o montante correspondente à taxa de reutilização obtida poderia ser levado em conta quando se considera a obtenção dos objetivos de reciclagem fixados.

Legislações nacionais

França – Em 1º de janeiro de 2000, a Eco-Emballages aumentou suas remunerações de ponto verde ao elevar o processo de custos para grandes multinacionais, como Danone, Lever e Pechiney. A Danone, por exemplo, estima que as remunerações de ponto verde dobraram em 2000, passando para cerca de 130 milhões de francos (19,5 milhões de euros).

O aumento das remunerações de ponto verde conferiu posterior ímpeto à tendência de empresas francesas em reduzir o peso de suas embalagens. Foi dada prioridade a frascos de menor volume para bebidas, o que conta para a significativa fração da média de embalagens por cada lar.

Esforços são agora dirigidos para a redução de 10% do peso médio do frasco plástico a partir do nível atual, entre 31 g e 32 g. Alguns grandes distribuidores, como a rede de supermercados Decathlon, objetivam reduzir a embalagem a uma base mínima. A empresa está desenvolvendo vendas "tudo-em-um" e embalagens de transporte para suas próprias marcas.

Desde 2002, esperava-se que cerca de 40 milhões de cidadãos franceses separassem seu resíduo de embalagem, duas vezes o número de 1998. Empresas francesas ficaram sujeitas a vistorias do governo para verificar se suas embalagens cumpriam as normas de redução na fonte.

Luxemburgo – A Valorlux coordena o controle e o resíduo das embalagens de Luxemburgo. Mas a posição do país sobre a recuperação de energia por meio de incineração causou polêmica em Bruxelas. Em outubro de 2000, o governo recorreu da infração da Comissão Europeia, que decidiu fazer uma representação à Corte Europeia de Justiça contra Luxemburgo, pela recusa do Estado-membro de permitir que resíduos fossem depositados em um incinerador francês equipado para recuperar energia.

Finlândia – A renovação da decisão do Conselho de Estado sobre embalagens e resíduos de embalagens entrou em vigor no começo de 2000. As obrigações referentes tanto à recuperação de resíduos de embalagens como às responsabilidades relacionadas a elas não se aplicam ao embalador ou a qualquer outro negócio com faturamento de exercício menor que 5 milhões Fmk (850.000 euros) por ano civil.

Conselhos locais ou empresas subcontratadas para transportar resíduos de embalagens serão obrigadas a monitorar dados somente se os resíduos de embalagem recuperados por elas excederem 100 toneladas.

Enquanto isso, a PYR, organização para recuperação de embalagens da Finlândia, atingiu mais de 5.000 associados em 2000, e seus membros têm sido onerados com taxas mais baixas. Comparadas com 1999, essas taxas tiveram redução de 10%. A PYR diz que o grande aumento de associados é a razão para a redução dessas taxas. As taxas de recuperação em 2000 são somente uma fração daquelas de seus vizinhos mais próximos. Por exemplo, seus cálculos revelam que, pela recuperação de plásticos, as taxas da PYR são cem vezes mais altas na Alemanha do que na Finlândia.

A despeito do fato de que a maioria das empresas já se reuniu, a PYR aumentou sua campanha de marketing no primeiro semestre de 2000. O objetivo era conseguir que todas as empresas com obrigações de recuperação de embalagem diligenciassem sua parte de obrigação, como estipulado pela decisão do Conselho de Estado.

Alemanha – A legislação alemã é o foco de atenção quando se fala em questões ambientais na Europa. Dez anos atrás, o Regulamento Alemão de Embalagem gerou o Dual System Deutschland (DSD) e seu ponto verde foi o impulso para a Diretriz de Embalagens e Resíduos de Embalagens de 1994, na virada do Regulamento das Obrigações e Responsabilidade do Produtor do Reino Unido de 1997.

Os objetivos do Regulamento de Embalagem de 1992 (original; uma revisão foi feita em 1997) não permitiam a incineração como uma forma de valorização. Pela revisão, isso é permitido. Objetivos de recuperação e reciclagem foram revisados desde a redação do regulamento original.

Isso se justifica pelo fundamento de que é necessário mais tempo para construir a capacidade de reciclagem na Alemanha. Tornou-se óbvio, desde os anos 1990, que, sem o recurso da incineração, a indústria do plástico seria incapaz de cumprir os objetivos firmados pelo regulamento. Pelos provimentos revisados, pelo menos 40% da cota de reciclagem de plásticos precisa se dar pela recuperação mecânica desse material. O restante pode se dar pela reciclagem química ou pela incineração com recuperação do calor/energia.

Os conceitos fundamentais do regulamento de embalagens foram conservados e incluem o retorno da obrigação aos produtores e distribuidores e sua responsabilidade para reciclar, que pode ser transferida para um esquema coletivo.

A Comissão acredita que a legislação alemã está indeterminando o funcionamento do mercado em si, uma vez que o balanço apropriado entre o livre movimento de bens e a proteção ambiental não tem sido atendido. Os benefícios ambientais do atual esquema são cancelados pelas implicações de transporte.

Diante desse cenário, a Comissão considera que o esquema alemão de reutilização representa uma barreira ao comércio, consoante o significado do art. 28 do Tratado, assim como considera que as regras alemãs impõem um fardo particular sobre aqueles produtores que importam seus produtos de longas distâncias. Isso porque os produtores que cumprem os objetivos do esquema são forçados, com base na diretriz de embalagens e no esquema alemão de reutilização, a embarcar a embalagem vazia, que percorrerá longas distâncias de volta à fonte.

Bélgica – Os objetivos de recuperação e reciclagem são mais altos que aqueles estabelecidos na Diretriz de Embalagens e Resíduos de Embalagens da UE. Algo em torno de 60% do resíduo de embalagens precisava ser recuperado em 1997, aumentando para 70%, em 1998, e 80%, em 1999. Os objetivos de reciclagem mecânica cresceram de 40%, em 1997, para 45%, em 1998, e 50%, em 1999.

O governo belga adotou também instrumentos econômicos na forma de ecotaxas sobre embalagens de bebidas, que serão implementadas se os objetivos requeridos de reutilização e reciclagem não forem atingidos. Em 1994, comércio e indústria estabeleceram o *Fost Plus* para coordenar a coleta e a seleção do resíduo doméstico.

No fim de 1998, a Comissão Europeia decidiu fazer representações à Corte de Justiça contra a Bélgica por esta ferir a Diretriz de Embalagens e Resíduos de Embalagens da UE (European Parliament and Council Directive 94/62/EC sobre embalagens e resíduos de embalagens). A Comissão decidiu fazer representação à corte por duas infrações à diretriz.

Dinamarca – O país tem uma legislação que cobre resíduos de embalagens. O Plano de Ação para Resíduos e Reciclagem do governo para o período de 1993 a 1997 estabeleceu um objetivo de reciclagem de 55% para todo o resíduo em 2000. Do restante, é permitido incinerar 25% e um máximo de 20% pode ser destinado a aterros.

O objetivo da reciclagem de embalagens de transporte era de 80% para papel e papelão em 1998 e 80% para plásticos em 2000. Em 1996, o país publicou três itens de legislação para implementação nacional da diretriz da UE. O primeiro é um decreto que estabelece as condições para a embalagem, o segundo é um decreto sobre a deposição, planejamento e registro de resíduos, e o terceiro é o emendado Decreto de Reembalagem de Bebidas de 1996.

Nesse decreto, cervejas e bebidas leves (não alcoólicas) só podem ser vendidas na Dinamarca em embalagens retornáveis. A chamada "proibição de lata" (*can ban*) dinamarquesa gerou grandes controvérsias e houve uma forte pressão para a lata ser embargada porque a proibição discriminava, principalmente, a cerveja e as bebidas leves importadas.

Em julho e agosto de 2000, a Comissão Europeia denunciou a legislação dinamarquesa de embalagens e resíduos de embalagens à Corte Europeia de Justiça com o argumento de "não conformidade de medidas que incorporassem as diretrizes à lei nacional".

Itália – A partir de 1º de janeiro de 2000, com a legislação de resíduos de embalagens da Itália, todas as empresas foram capazes de escolher como cumprir as obrigações ambientais em paralelo com o sistema atual de recuperação de resíduos. A adição à plataforma de 1997 foi feita com a finalidade de reduzir o fardo burocrático de remunerações sobre o Consórcio Nacional da Itália (CONAI), responsável pela coordenação do gerenciamento de resíduos de embalagens.

O CONAI foi criado quando a Itália adotou sua lei de plataforma, em janeiro de 1997, para proporcionar uma estrutura coerente para o gerenciamento integrado de resíduos, incluindo o gerenciamento de resíduos de embalagens. O texto não estabeleceu inicialmente objetivos específicos para a recuperação e reciclagem desse tipo de resíduo, mas propôs um objetivo geral para aumentar a coleta seletiva de 7% para 35% ao longo de seis anos.

Entre janeiro de 1999 e o fim de 2000, um alvo de 15% precisou ser atingido, depois ele aumentou para 25% até o fim de 2002. Autoridades locais que falhassem na obtenção dos objetivos seriam penalizadas por meio de altas taxas de resíduos. A plataforma proporcionou a criação de um mandatório "superconsórcio" (CONAI) para agrupar produtores e usuários de embalagens com vistas a coordenar as operações de recuperação de resíduos. Outro objetivo da plataforma foi criar um consórcio voluntário de material para a coleta seletiva de embalagens de transporte.

O novo sistema, em vigor desde 2000, corre em paralelo com a plataforma de 1997 e divide as empresas em quatro categorias, de acordo com o tipo de declarações que elas são obrigadas a fazer.

Holanda – Em 1991, a Holanda estabeleceu um convênio entre indústria e governo para cobrir um período de dez anos. A Lei do Resíduo (Waste Law), que entrou em vigor em 1994, deu prioridade à prevenção de resíduos.

Em 2001, o convênio estabeleceu um objetivo de redução de 10% no resíduo de embalagem em relação ao nível revelado em 1986. O objetivo de reciclagem foi um mínimo geral de 40% em 1995-1996, mas idealmente com taxas de 80% para vidro, 75% para metais, 60% para papel e papelão e 50% para plásticos e compósitos.

Os aterros de resíduos foram extintos no início de 1996. Em resposta à Diretriz de Embalagens e Resíduos de Embalagens da UE, a Holanda continuou o conceito de convênio entre indústria e governo (Convênio 2), que também inclui objetivos de prevenção.

Portugal – A Sociedade Ponto Verde (SPV), organização de Portugal para recuperação de embalagens, relatou um significativo aumento na associação em 1999 e 2000, e um correspondente aumento em suas atividades de recuperação e reciclagem. A SPV manipula agora um crescente volume de embalagens não reutilizáveis com recente estimativa de 590.000 toneladas.

Houve um aumento no montante de embalagens atualmente declaradas pelas empresas como colocadas no mercado. Plásticos e papel aumentaram em 28%, aço em 27%, vidro em 23% e alumínio em 14%.

Em 1999, a SPV anunciou substancial redução em suas remunerações de ponto verde para madeira e alumínio. Suas taxas para vidro, papel, plástico, aço e outros materiais permaneceram iguais. Essa redução é aclamada como a razão pela qual a SPV foi capaz de aumentar seu manuseio de embalagens não reutilizáveis de 466.000 toneladas, em 1998, para mais de 600.000 toneladas, em 1999.

A SPV foi capaz de cortar sua remuneração, pois ela acumulou reservas. Do dinheiro que ela coletou em honorários de licença, a SPV paga autoridades locais por cada tonelada de embalagem separada fornecida aos reprocessadores.

O maior aumento no montante pago em 1999 foi para os plásticos, subindo 40%, de 20 escudos (0,1 euro) para 33 escudos por quilograma.

Suécia – A Suécia é um dos países na vanguarda da legislação ambiental europeia. A legislação de responsabilidade do produtor torna-o responsável por alcançar os objetivos de cunho governamental para materiais de embalagem reciclados. Mas um recente estudo, *Tratamento de resíduos de embalagem: uma análise econômica da legislação sueca de responsabilidade do produtor*, questiona a legislação de reciclagem do país.

O estudo conclui que essa legislação é extremamente ineficiente, pois os custos são 5 a 20 vezes maiores que os benefícios. Ele argumenta que as políticas de reciclagem assumem que custos por danos ambientais são consideravelmente mais baixos por reciclagem que por outros modos de deposição de resíduos.

O estudo indica que o custo total para a sociedade (incluindo custos ambientais) por tonelada de reciclagem de resíduos de embalagens é de 34.000 coroas (3.740 euros). Mas o custo da queima ou aterro de tais resíduos resulta, para a sociedade, em menos de 2.000 coroas por tonelada.

Reino Unido (UK) – O Climate Change Levy (Imposto de Mudança de Clima, ou CCL) entrou em vigor em 1º de abril de 2001, mas desde 1º de janeiro de 2000 regulamentos revisados impuseram a fatia que é usada para calcular as obrigações de recuperação e reciclagem dos setores da cadeia de embalagem. A mudança é um dos resultados de consulta sobre a revisão dos regulamentos sobre embalagens. Ela leva em conta a sugestão do Advisory Committee on Packaging (Comitê Consultivo de Embalagem, ou ACP) sobre o papel da consulta nas "Mudanças de porcentagem das obrigações de atividade e outras matérias".

Os regulamentos sobre a responsabilidade do produtor foram primeiro colocados à apreciação do Parlamento em 1997 e propunham objetivos provisórios para resíduos de embalagens de 38% de recuperação e 7% de reciclagem para cada material no período 1998-1999. O objetivo para 2000 foi de 43% de recuperação e 11% de reciclagem.

Conforme os regulamentos de 1997, às empresas foi dada a opção de conseguir esses objetivos quer por si próprias, quer por participação em esquema coletivo, como a Valpak, instalada em 1996. Foram garantidas isenções para empresas com vendas menores que 5 milhões de libras (7,6 milhões de euros) para o período até o fim de 1999 e para empresas com vendas de menos de 1 milhão de libras depois disso.

Espanha – Uma consulta realizada em 1999 pela AC Nielsen em nome da empresa espanhola de ponto verde, Ecoembes, mostrou que cerca de 85% dos produtos vendidos pelos estabelecimentos varejistas espanhóis expuseram o ponto verde para indicar que eles são parte do sistema de recuperação integrado para resíduo doméstico de embalagens.

A Ecoembes acredita que agora os 15% restantes também possam fazer parte do sistema de ponto verde. Entretanto, isso não aparece nas embalagens que poderiam fazer parte de estoques mais antigos. A penetração mais baixa foi encontrada nas lojas de DIY (bricolagem) e em estoques de armarinhos. Aqui a proporção de embalagens de ponto verde foi de 50% a 60% do total.

A consulta da AC Nielsen cobriu mais de 500 estabelecimentos pela Espanha, representando 40% de sua atividade. Na época, a consulta abrangeu 22.000 produtos de 4.500 fabricantes portadores do logo do ponto verde em sua embalagem.

9

mercados de **uso final**

O consumo da Europa Ocidental de embalagens flexíveis nos principais setores de uso final – produtos de padaria, petiscos, confeitos, embalagens médicas, alimentos secos, carnes e aves, sistemas MAP, chá e café – totalizou cerca de 500.000 toneladas em 2002. O crescimento anual combinado é estimado em cerca de 6% a 7%.

O setor de embalagens flexíveis para alimentos tem um papel cada vez mais importante no atendimento à demanda por maior vida de prateleira e higiene.

Uma simples extrapolação do crescimento histórico de 8% ao ano, desde os últimos anos 1990, sugeriria um consumo de sistemas MAP de cerca de 36.500 toneladas em 2006.

Alimento fresco

Carnes e aves

O consumo de embalagem flexível no mercado de carne e aves da Europa Ocidental foi de 35.280 toneladas em 2002. Baseado no crescimento de cerca de 5% ao ano, o consumo de embalagens flexíveis nesse setor poderia exceder 42.000 toneladas em 2006.

Estimativas da indústria mostram que cerca de 9.000 toneladas de filmes de poliéster revestido e não revestido foram usadas no mercado de carnes, peixes e aves na Europa Ocidental em 1998, com forte crescimento no uso de embalagem MAP no Reino Unido, França, Alemanha e nos países do Benelux. Seguindo o crescimento histórico, a demanda da Europa Ocidental chegaria às 12.200 toneladas em 2006.

Muito do crescimento no consumo de embalagens flexíveis neste setor é resultado da mudança de padrões varejistas. Com o crescimento de supermercados no Norte da Europa, a preparação e a distribuição de alimentos frescos passaram por mudanças significativas nos últimos anos.

Do ponto de vista da embalagem flexível, talvez a alteração mais importante tenha sido o movimento em direção à preparação centralizada e à distribuição de carnes pelos maiores varejistas de alimentos.

O Reino Unido está na vanguarda dessa mudança. Mas em março de 2001, a crise da vaca louca afetou muitas fazendas de criação de gado no Reino Unido e em outras regiões da Europa. A sociedade e os políticos questionaram fortemente se o sistema não estaria errado.

Não obstante, a probabilidade é de que supermercados continuarão a exercer um papel importante no abastecimento de carne na Europa e a embalagem centralizada de carne (CPM) crescerá, e com ela o uso de MAP no varejo e atacado. No Reino Unido, supermercados controlam mais de 60% do comércio de varejo de carne fresca e a posição dos açougues nos grandes centros continua a declinar.

Geralmente, as embalagens de carne com dimensões próprias para o varejo consistem em bandejas de poliestireno expandido (EPS) ou de poli(cloreto de vinila) (PVC) termoformado com envolvimento de filme, que são distribuídas em "sacos-padrão" de MAP atacadista.

Recentes desenvolvimentos de embalagens incluem o sistema a vácuo, bandejas tampadas e de PP expandido. Bandejas de carne para o varejo feitas com PP expandido recentemente foram introduzidas como alternativa ao EPS. O polipropileno expandido (PP) tem densidade mais baixa que EPS e pode, portanto, ajudar a reduzir o montante de material usado nesse tipo de embalagem.

Na seção de aves, a maioria dos produtos vem embalada em bandejas. As bandejas de EPS padrão (sem barreira) com filmes de adesão são muito usadas e provavelmente isso deve continuar nos próximos anos, mas há novos desenvolvimentos, em particular no que se refere a bolsas plásticas, que deverão invadir o mercado.

Vegetais

Medir o nível de consumo de embalagens flexíveis neste setor é difícil, pois uma alta porcentagem da demanda geral é por embalagens de atmosfera controlada (CAP), de bandejas termoformadas de PVC/PE com tampas de poliéster revestido de PVdC (para conferir barreira) e com filmes de BOPP, além de serem embaladas em sistema MAP.

Entretanto, olhando para o crescimento dos filmes de PVC – envoltório comum para produtos frescos –, o consumo na Europa Ocidental, que cresceu menos que 1% desde 1998, de 52.000 toneladas para 54.065 toneladas em 2002, e com estimativa de alcançar 57.200 toneladas em 2006, dá uma ideia da tendência em formação.

Cenários de crescimento para a Europa Ocidental como um todo dissimulam o fato de que o mercado de embalagens flexíveis para frutas e vegetais frescos é extremamente saudável no Norte da Europa, mas menos no Sul da Europa. Entretanto, como os padrões de varejo no sul começam a refletir os do norte, isso poderia mudar.

Atualmente, uma das melhores oportunidades para embalagens flexíveis no setor de alimentos frescos está nos mercados desenvolvidos do Norte europeu, do Reino Unido, França e países do Benelux. Recentemente, os maiores varejistas dedicaram uma área maior na prateleira para produtos frescos e espera-se que isso aumente nos próximos anos.

Filmes especiais desenvolvidos modificam polímeros normais resistentes à umidade, como o BOPP, com minúsculos orifícios que tornam o filme microporoso. Estes, em particular, são valiosos no envolvimento de produtos frescos, pois têm um nível de permeação que pode ser desenhado sob medida para as taxas de respiração de frutas e vegetais específicos na temperatura em que estes são estocados. Os cenários de consumo para esses filmes não são conhecidos, mas espera-se que decolem nos próximos anos.

Em linha com a demanda de consumidores por uma maior disponibilidade de embalagens de conveniência, o desenvolvimento de novas embalagens flexíveis para alimentos frescos e congelados ganha espaço com a revelação de uma nova embalagem para vegetais, que pode ser colocada diretamente no micro-ondas.

Alimentos congelados

Nos últimos anos da década de 1990, o consumo de alimentos congelados subiu 11% em um período de quatro anos, com o consumo de 2002 estimado em cerca de 7,81 milhões de toneladas na Europa Ocidental. O crescimento de consumo nos próximos anos cria a expectativa de trilhar um curso semelhante, pois o mercado para produtos congelados cresce em linha com o crescimento de shopping centers fora das cidades, congeladores domésticos e uma série de produtos alimentícios congelados hoje disponíveis.

De qualquer forma, a demanda geral da Europa Ocidental por filmes de embalagens de poliéster é pequena. A indústria prevê que o consumo desse tipo de filme para embalagens neste setor cresça em torno de 60 toneladas ao ano nos próximos anos. Os setores de carnes e aves congeladas estão passando por momentos de estabilidade ou de lento crescimento na maioria dos países da Europa Ocidental.

Entretanto, o aumento na demanda por alimentos de conveniência ajudou a manter o crescimento da demanda na Europa Ocidental, pois novas refeições instantâneas, sobremesas congeladas etc. são introduzidas. Na verdade, refeições prontas congeladas têm a previsão de ser o setor de alimentação rápida de maior crescimento nos próximos anos.

Formatos e materiais típicos de embalagem no setor de alimentos congelados abrangem filmes de polietileno de baixa densidade (PEBD) para frutas e vegetais; filmes PE para carne congelada; filme de PEBD flexo-impresso para produtos à base de batata; e uma série de combinações para refeições prontas.

O mercado de alimentos congelados como um todo é visto como um importante setor pela indústria de embalagens flexíveis e como aquele que crescerá nos próximos anos. O crescimento em embalagem de poliéster para alimentos congelados tem sido acima de 2% ao ano, e previa-se que o consumo excedesse as 3.280 toneladas em 2006.

Batatas congeladas

Este é um novo nicho no segmento de embalagens e uma bolsa *stand up*/refechável, desenvolvida pela Printpack para produtos de batata congelada da Ore-Idaw, da Heinz, disponível desde agosto de 2000, foi vista como o primeiro grande trunfo para batatas congeladas. A bolsa *stand up* substitui o saco plástico ou embalagem estilo almofada amplamente usada em corredores de vegetais congelados.

A nova estrutura *stand up* vertical resolve o que a Heinz descreve como a maior reclamação do cliente com produtos de batata congelada – uma falha de resselabilidade (refechamento hermético).

A nova embalagem é tão bem-sucedida que a Heinz instalou 56 equipamentos de *stand up* verticais tipo *form-fill-seal* (FFS), da Bosch Packaging Machinery, que produzem as bolsas seladas nos quatro cantos e aplicam o zíper em linha.

Sopa

A embalagem de sopa movimentou-se por longo caminho desde a familiar e conhecida lata de estanho. A popularidade das bolsas plásticas (*pouches*) tende a crescer. A sopa também vem em forma seca. O setor de alimentos secos como um todo é um importante segmento para embalagens flexíveis.

As *stand up* verticais (*stand-up pouches*) estão sendo desenvolvidas em uma variedade de formas e tamanhos, e a United Signature Foods lançou em 2000 uma embalagem flexível trapezoidal de 20 oz (567 g) para sopas frescas da Kettle-Rich. A forma cônica distinta da embalagem é aclamada nos supermercados.

A embalagem de 20 oz se torna mais estreita na extremidade, permitindo que o produto seja facilmente despejado na panela ou pote para micro-ondas. A Alcan-Lawson Mardon produz o material da embalagem, uma coextrusão consistente de um poliéster enrugado de 1,25 mm/PEBD linear etileno vinil álcool (EVA) que pode ficar de pé para congelamento e preenchimento a quente. Sua propriedade de barreira permite ao filme manter o frescor do produto.

A identidade da marca é realçada pela arte gráfica de oito cores impressas em reverso. A Alcan-Lawson Mardon imprime o filme em uma impressora flexográfica de oito cores da Windmöller & Hoelscher em sua fábrica em Charlotte, na Carolina do Norte. O fechamento resselável a zíper da bolsa plástica é aplicado em linha durante sua fabricação, que é produzida pela Valley Packaging Services.

Uma atrativa janela no centro da bolsa permite ao usuário visualizar a sopa fresca. O impresso do produto no painel de trás recomenda que a sopa deve ser mantida refrigerada e consumida até dois dias depois de aberta. A sopa tem uma vida de prateleira de 60 a 90 dias, a contar da data de produção, diz Mercer Miller, gerente geral da United Signature. O produto progrediu com o uso da embalagem flexível, que é ambientalmente amigável, oferece uma redução na fonte, é empilhável depois de usada e leva a bolsa plástica vertical a um novo mercado consumidor, de acordo com a empresa. Em breve uma bolsa plástica de 40 oz estará disponível.

No Reino Unido, a NewCovent Garden Soup Company produz uma linha de sopas da moda. Em 2000, na fase de testes, a empresa comercializou um formato de bolsa plástica de 450 ml em cooperativas e lojas independentes de Midlands.

Também no Reino Unido, um novo leque da RPC Blackburn de potes com lacre de segurança Thor foi selecionado pelo fabricante líder de alimentos Geest para uma série de sopas frescas: ela fornece para Waitrose e Somerfield. Os recipientes de 500 ml são moldados por injeção em PP natural e projetam uma torneira de tampa de segurança removível para garantir a segurança do produto e a comodidade na degustação, além da tampa refechável para manter o frescor do produto depois de aberto.

Queijo

A demanda total da Europa Ocidental para queijo ficou na faixa de 4 milhões de toneladas em 2002, com crescimento na demanda estimado, com base em tendências históricas, em menos de 1% ao ano. Queijos fortes contam com redondos 60% do consumo e queijos leves, com 30%, e o restante vindo, principalmente, de queijos processados. O consumo de queijos leves em 2000 foi estimado em mais de 1,11 milhão de toneladas.

Os maiores mercados na Europa Ocidental são Itália e França, que juntas somam cerca de 62% do consumo, com crescimento de 1% a 2% ao ano. O mais rápido crescimento está previsto para Bélgica e Finlândia.

Formatos e materiais típicos de embalagem no setor de queijo e laticínios abrangem: bases termoforadas de PA/PE ou outras estruturas especiais para queijos fortes; potes termoformados de PS ou PP com tampa de folha de alumínio para queijos *cottage*; potes termoformados de PS com tampa de papel-alumínio e sobretampa transparente de PS para queijos cremosos; e potes termoformados com tampas seladas de papel-alumínio e sobretampa termoformada de PP para pastas de laticínio.

A Pechiney Plastic Packaging Inc. desenvolveu embalagens para queijo Deli Deluxe, mostradas como *case* na Pack Expo em novembro de 2000. A nova embalagem reforma uma montagem única convencional de fatias de queijo para fazer uma embalagem dupla de 16 oz (≈450 g) de 24 fatias ao colocar duas montagens uma ao lado da outra.

A Pechiney desenvolveu um projeto de fácil abertura, com picote a *laser* no ponto alto da embalagem e que proporciona uma eficiente exposição para um zíper refechável. A nova embalagem de fácil abertura e refechável emprega uma selagem por calor que substitui a selagem a frio anteriormente utilizada e é hermética para oferecer superior proteção ao produto.

Produtos assados

Com 160.286 toneladas consumidas em 2002, este setor é o maior consumidor de embalagens flexíveis na Europa Ocidental e deve crescer 7% nos próximos anos. Produtos assados cobrem uma ampla área além do pão, abrangendo bolos de aniversário e biscoitos, que têm experimentado um significativo crescimento nos principais mercados da Europa Ocidental.

Pão

O consumo de pão na Europa Ocidental como um todo é bastante estático, mas há significativas diferenças de consumo, nacionais e culturais. No Reino Unido e na Alemanha, o pão fatiado é popular, mas em países como França e Itália, ele não é pré-embalado.

Em teoria, isso apresenta grande oportunidade potencial para conversores e fabricantes de filme, mas somente no âmbito em que os grandes supermercados são capazes de ganhar fatias de mercado das padarias independentes, em particular na Espanha, na Itália e na França. Esse crescimento será ajudado, desde que os países do Sul da Europa adotem os padrões varejistas em voga no Norte da Europa, onde grandes centros varejistas fora da cidade surgiram, com consequente declínio do número de pequenos padeiros independentes.

Mas enquanto o panorama para o pão na Europa Ocidental está estático, o consumo de bens de padaria cresce, assistido pela grande elevação no consumo de bolos etc., que são populares nos principais mercados da Alemanha e do Reino Unido.

A Espanha tinha previsão de mostrar o mais rápido crescimento em consumo de filmes BOPP até 2006, com uma elevação de 8% entre 2000 e 2006.

Nesse ínterim, a compra de baguetes para aquecer no micro-ondas vem se tornando mais popular e proporcionando novas oportunidades para embalagens flexíveis. Um novo desenvolvimento é o material envoltório autoventilante Wave Wrape para baguetes de micro-ondas, da MSO Cleland/Baguette, do Reino Unido. Lançado em 2000, o envoltório laminado de papel/filme é distribuído pela MSO Cleland para a Rye Valley Foods na Irlanda, além do Reino Unido e partes da Europa.

Os consumidores não precisam abrir ou furar a embalagem antes de colocá-la no forno de micro-ondas. Armazenada de forma congelada, a baguete pode ser descongelada, aquecida e degustada diretamente depois de retirada do micro-ondas.

Formulado para resistir ao dano causado ao longo dos ciclos de congelamento/degelo, o envoltório consiste de estrutura laminada por adesivo, produzida pela Phoenix, que combina uma camada externa de papel *craft* alvejado, fluorquimicamente tratado e resistente à umidade e gordura, da Crown Vantage, com um poliéster não selável por calor, metalizado pela RollVac. A Phoenix aplica, então, um revestimento proprietário selável por calor ao poliéster (a camada interna do envoltório) por meio de um processo de rotogravura. O revestimento interno proprietário de selagem por calor permite que a embalagem, selada em barbatana (*finsealed*), passe a se ventilar assim que o processo de cozimento comece a gerar vapor. A liberação do vapor durante o aquecimento torna o pão mais crocante.

Outro aspecto distintivo desse envoltório está na metalização da camada do poliéster para acomodar a peculiar aplicação do alimento. O padrão de desmetalização age como um incentivador para se conseguir o perfil de calor apropriado. O filme metalizado é desmetalizado pela aplicação de solução cáustica que oxida o metal quando exposto a calor infravermelho. A selagem tipo barbatana (*finseal*) é também desmetalizada para prevenir o escurecimento da camada de papel *craft* e evitar que o pão queime nas estremidades.

A metalização, por sua vez, é feita em uma linha separada, o adesivo Phoenix é laminado sobre o poliéster e o *craft* utilizando cilindros de rotogravura simultaneamente à impressão flexográfica no lado oposto. O equipamento que realiza essas operações foi projetado e construído internamente. A impressão em flexografia oferece instruções de cozimento além da arte gráfica.

Lanches e guloseimas (*snack foods*)

O consumo de lanches e guloseimas, ou simplesmente *snacks,* na Europa Ocidental tem a expectativa de crescer além dos níveis de GDP, que deve chegar a 135.000 toneladas em 2006. Os *snacks* são um mercado bem estabelecido para embalagens flexíveis e sua popularidade na Europa Ocidental continua a crescer, com novas marcas de bolachas, petiscos etc. sendo introduzidas. O mercado estima crescer em torno de 8% ao ano e é bastante imune a pressões macroeconômicas e recessões.

A previsão de crescimento anual para embalagens flexíveis nesse setor é, portanto, calculada em 10%. Com isso, o nível de consumo em 2006 estaria acima de 150.000 toneladas, em comparação com a previsão de 135.000 toneladas baseada no crescimento histórico de 8%.

Biscoitos

O consumo de biscoitos na Europa Ocidental está em elevação, com o Reino Unido, seguido pela França, como os maiores mercados. Mas as mais altas taxas de crescimento são vistas na Espanha, na Itália, na Áustria, na Noruega e em países do Benelux.

Novos projetos criam melhores oportunidades para embalagens flexíveis no mercado de biscoitos, particularmente no desenvolvimento de embalagens duplas (*twin packs*), multiembalagens, e de embalagens que atendam à demanda por maior variedade de tamanhos. Multiembalagens usam cada vez mais o padrão BOPP/selagem a frio, embora uma proporção significativa ainda use filmes de selagem por calor, em que velocidades de linha de embalagem muito altas são menos importantes. Biscoitos frágeis ou do tipo prêmio usam cada vez mais bandejas termoformadas com envolvimento de BOPP selado a frio, tipo *flow pack*, embalado em linha FFS horizontal.

Bolos

Este setor de produtos de padaria tem testemunhado considerável crescimento, em especial no Norte da Europa, em que a demanda por bolos produzidos industrialmente cresceu de modo substancial. Formatos e estilos típicos de embalagem no setor de bolos abrangem: bolos embalados inteiros em celulose branca opaca ou BOPP; bolos de estilo americano embalados em bandejas de papel-alumínio com caixa de papelão externa com janela transparente de filme de PP *cast*; produtos finos embalados em bandejas plásticas termoformadas com tampas seladas.

Café e chá

Neste setor, há uma expectativa de aumento no consumo de embalagens flexíveis em torno de 5% nos próximos cinco anos. Entretanto, essa taxa de crescimento é baixa em relação a meados de 1990, quando a média aproximada era de 6% ao ano.

Não obstante, o consumo de café é auxiliado por produtos inovadores. O crescimento de marcas especialistas em café e de casas de café foi um fenômeno recente em muitas grandes cidades da Europa Ocidental – e tem a expectativa de continuar assim. Indicadores sugerem consumo de cerca de 9.500 toneladas em 2006.

Dependendo do mercado, uma série de diferentes tipos de embalagens é empregada tanto para café como para chá. Incluem-se metalizados PET/PE, PET/folha de alumínio/PE e OPA/folha de alumínio/PE para café moído, tanto o embalado a vácuo quanto o solto. Café instantâneo é normalmente embalado em jarros de vidro com membrana de vedação na tampa rosqueada. O chá é em geral vendido em caixas de papelão com envolvimento de filme OPP coextrudado.

No entanto, o consumidor europeu de café está mais sofisticado em seus gostos e os produtos prêmio vendem bem, o que implica uma demanda por novas embalagens. Foi lançado, por exemplo, um novo produto da Coffee Masters, chamado Bella Crema Cappucino, embalado em pacote.

Esse produto em pó vem em um pacote de 0,75 oz (±21 g) que usa um filme transparente de poliéster/resina clara/folha de alumínio/resina clara/PELBD de selagem a calor. O material é impresso na superfície em seis cores (incluindo cor estampada), usando tintas curáveis EB de água e laca EB proprietária, de ultra-alto brilho.

Confeitos

O mercado europeu de confeitos é enorme, embora haja indicações de que esteja estacionado de tal modo que taxas de crescimento sejam improváveis. Ainda assim, cerca de 3,1 milhões de toneladas de confeitos de açúcar e chocolate são consumidos na região, com o chocolate alcançando 2 milhões de toneladas.

Cerca de 73.034 toneladas de embalagens flexíveis foram consumidas no setor de confeitos em 2002 e, com o mercado crescendo 8% ao ano, previam-se 92.200 toneladas em 2006.

O maior consumidor é a Alemanha, que conta com cerca de 30% de todo o chocolate ingerido na Europa Ocidental. O próximo maior mercado é o Reino Unido, com pouco menos de 30%, seguido pela França, com mais de 10%. Portanto, mais de 50% de todos os confeitos são absorvidos pela Alemanha, Reino Unido e França.

As principais tendências em embalagem no mercado de confeitos incluem o amplo e crescente uso de adesivo padrão de selagem a frio para recipientes de confeitos, que possibilitam maiores velocidades de linhas em relação a filmes selados por calor. Desenvolvimentos focam economias de custo por meio de reduções de espessura ou do uso de classes de filme alternativas.

Produtos prêmio usam cada vez mais a estrutura de laminado, como BOPP impresso no reverso e BOPP com padrão de selagem por calor. Papel de cera e papel-alumínio são usados para envolver doces individuais em conjunto com envoltórios torcidos de filmes de PVC ou PP *cast*.

Assim como biscoitos, as mutiembalagens tornam-se cada vez mais amplas, como é o caso do uso de embalagens flexíveis inovadoras para produtos prêmio.

Alimentos secos

O consumo da Europa Ocidental de embalagens flexíveis neste setor em 2002 foi de 37.782 toneladas. Trata-se de uma área em franca expansão e com previsão de crescimento de 7% para os próximos anos (o consumo poderia se aproximar das 50.000 toneladas em 2006).

O aumento no consumo de alimentos secos e com ele o aumento no uso de embalagens flexíveis nessa área são auxiliados pela mudança nos padrões do varejo, que, por sua vez, é puxada pela mudança no estilo de vida, estruturas familiares etc.

Aumentos no consumo são vistos em áreas como massas, que cresceram em popularidade no Norte da Europa nos últimos cinco anos. Há também aumentos no consumo de produtos como sopas secas de pacote, misturas para bolo, bebidas instantâneas, refeições instantâneas e misturas para molhos.

O grande responsável pelo aumento no consumo de alimentos secos é o filme. O uso do filme de BOPP no setor de alimentos secos na Europa Ocidental foi estimado em 39.657 toneladas em 2002, crescendo em uma média de 8% ao ano em meados e fins dos anos 1990. O crescimento médio de consumo anual para 2006 estava previsto para ser levemente menor que 7% ao ano, alcançando uma estimativa de 48.500 toneladas.

Uma importante área de crescimento no setor de alimentos secos é a das massas, cujo consumo está em elevação – e não apenas concentrado na Itália. Embaladores mudam de pacotes de papelão interno para pacotes de BOPP de livre posicionamento. Essas embalagens tornam-se populares para um amplo leque de alimentos secos, como lentilhas, ervilhas e trigo crocante. As vantagens de filmes flexíveis sobre caixas de papelão tradicionais incluem redução de peso, economia de custos, economia de material, superior resistência à umidade e visibilidade do produto.

Produtos farmacêuticos

O consumo de embalagem flexível no setor médico, em 2002, na Europa Ocidental, foi em torno de 57.222 toneladas. O crescimento, em relação a 1990, é comparativamente baixo (2%). O consumo foi projetado para crescer para 62.000 toneladas em 2006.

Entretanto, trata-se de uma área importante para embalagens plásticas flexíveis, embora haja a competição de plásticos rígidos, papel, vidro e papel-alumínio – e uma série de novos produtos tenha surgido em anos recentes. Plásticos agora contam com um terço do mercado, inserindo-se em uma fatia antes desfrutada por outros materiais. O consumo está concentrado no Reino Unido, na Irlanda, na Alemanha e na França, que, segundo se crê, possuem cerca de 60% da demanda europeia por embalagens médicas.

A embalagem de dispositivos médicos é usada tanto por fabricantes de produtos médicos como também em hospitais para o acondicionamento de instrumentos médicos reutilizáveis e reesterelizáveis. Seringas, agulhas e curativos contam com a maior proporção de exigências de embalagem, embora outras aplicações de uso final estejam crescendo em importância, especialmente cateteres, cortinas, aventais, embalagens exigidas em determinados procedimentos e outros produtos.

De modo geral, acredita-se que embalagens de produtos médicos de uso único, descartáveis, correspondam a cerca de 60% de todo o uso de embalagens médicas na Europa – fatia que cresce cada vez mais.

As embalagens farmacêuticas testemunharam os mais espetaculares ganhos com a introdução da embalagem *blister* (para drágeas), que proporcionou oportunidades para o papel-alumínio e plásticos flexíveis. Novos recipientes de tampa de segurança e sachês fáceis de abrir têm mudado a "cara" da embalagem farmacêutica nos últimos anos. Espera-se que essa mudança continue por mais alguns anos.

Novos produtos continuam a ser desenvolvidos, particularmente na área de embalagens médicas refecháveis, de fácil abertura e "resistentes" a crianças (CRREO). A divisão Pactech da empresa americana HAL Baggin introduziu recentemente uma nova embalagem, chamada Medi CRREO, que é uma estrutura de embalagem flexível transparente e vertical para aplicações médicas.

A embalagem é destinada a ser usada pelas empresas farmacêuticas, profissionais farmacêuticos e empresas de exames clínicos que querem continuar a embalar medicamentos orais em embalagem *blister* e adicionar a Medi CRREO como embalagem secundária ou de envolvimento. O Medi CRREO refechável, diz a Pactech, é a única embalagem de sua espécie a passar pelo Child Protocol/Senior Friendly Testing (Teste de Protocolo Infantil/Amigável ao Adulto) exigido pela Comissão dos EUA de Segurança de Produtos ao Consumidor.

A embalagem zipada é uma bolsa plástica, transparente, selada lateralmente e produzida com laminado de extrusão de 6,5 mil (0,165 mm) da Cello-Foil. A estrutura patenteada de cinco camadas incorpora uma camada externa resistente a calor, uma camada selante e filme PEAD soprado.

Geralmente enchido a mão, o pacote proporciona resistência à umidade, ao rasgo e protege os medicamentos embalados em *blister* contra danos. A Medi CRREO pode ser feita para receitar e é dimensionada para adaptar-se a exigências específicas do cliente.

Após aproximados seis meses de desenvolvimento, a bolsa plástica abre uma vasta gama de possibilidades para fabricantes farmacêuticos que desejam continuar a usar embalagens *blister*, que por si só asseguram dosagens precisas, permitindo ao consumidor visualizar os conteúdos sem abrir a embalagem.

O braço de embalagens flexíveis da Smurfit-Stone Container introduziu também uma bolsa plástica vertical refechável para embalagens médicas. A bolsa plástica vertical zipada de poliéster/PELBD soprado dispõe de arte gráfica em azul e preto. Seu material é feito pela fábrica da Smurfit-Stone, em Milwaukee, e, em seguida, embarcado para sua fábrica em Schaumburg, Illinois, onde é transformado em bolsas plásticas.

Outro desenvolvimento é uma embalagem flexível da Rollprint Packaging Products. O FlexForme F é um recipiente flexível formado por pressão e adotado pela Biosite Diagnostics para kits portáteis para diagnóstico por meio de marcadores cardíacos.

O novo recipiente tem um tecido de fundo selante baseado em náilon/papel-alumínio/PE, o qual é formatado a frio ou por pressão dentro de uma forma contornada com compartimentos que permitem a colocação consistente e segura dos produtos dos kits.

A Rollprint manufatura a estrutura patenteada na sua laminadora por extrusão (*extrusion coater/laminator*) da Egan. O recipiente é coberto com filme especial de barreira, selável por calor e *peelable*. O recipiente pode ser formatado e enchido automaticamente pela Biosite, em vez de manualmente, diz a Rollprint, e pode ser selado a calor, de modo automático.

DIY ("faça você mesmo" etc.)

A explosão na popularidade do sistema DIY nos últimos anos nos mercados do Norte da Europa proporcionou às embalagens flexíveis, como a outras embalagens, novas oportunidades. Entretanto, é difícil estabelecer um cenário para embalagens flexíveis nessa aplicação, pois o mercado é relativamente novo e a embalagem de DIY cobre um amplo leque de ferramentas e equipamentos.

A taxa de crescimento anual de consumo de embalagem flexível nesse setor poderia ser, no nível mais alto, de 12% para 2006.

Detergentes domésticos

Plásticos rígidos têm um suporte particularmente forte neste setor, pois o frasco plástico rígido é o meio de embalagem comum para todo um leque de detergentes. Entretanto, há algum crescimento no uso de sachês de tamanho menor feitos de plástico flexível e um crescimento subsequente pode ser esperado, pois a demanda de pessoas que moram sozinhas por embalagens menores está em ascensão.

A porcentagem de crescimento anual até 2006, segundo consultas da Pira, era de 6,7%.

Rotulagem/etiquetagem

Rotulagem e embalagem de impressão são cada vez mais importantes para a indústria da embalagem flexível. Em 2002, o mercado europeu de rotulagem produziu cerca de 7,96 bilhões de m^2 em papel e materiais plásticos. O Reino Unido e a Alemanha são os dois maiores consumidores de rótulos na Europa Ocidental e cada um possui cerca de 25% do mercado.

O mercado cresce em torno de 5% ao ano e, para 2006, o consumo estava previsto para ser de cerca de 8,96 bilhões de m^2. Isso representa oportunidade de crescimento para filmes plásticos de BOPP e PE. Nos anos 1980, o maior volume de uso de materiais para rótulos era de papel.

Agora, mais de 20% dos rótulos aplicados por pressão, todos os rótulos termoencolhíveis, a maioria dos rótulos aplicados em molde (*in-mould*) e alguns aplicados com cola são feitos de filmes plásticos de BOPP ou PE. O rápido crescimento de embalagens que usam materiais plásticos, como frascos, pacotes e embalagens flexíveis, beneficiou as tecnologias de rotulagem devido às desvantagens dos rótulos de papel.